»Vor Einfahrt: Halt!«

Fotografische Beobachtungen in westdeutschen Straßenbahn-Depots

zusammengestellt und kommentiert von

Wolfgang R. Reimann
Axel Ladleif · Jörg Rudat

Impressum

»Vor Einfahrt: Halt!«
Fotografische Beobachtungen in westdeutschen Straßenbahn-Depots, zusammengestellt und kommentiert von Wolfgang R. Reimann, Axel Ladleif und Jörg Rudat

Bibliografische Information der Deutschen Nationalbibliothek:
Die Deutsche Nationalbibliothek verzeichnet diese Publikation in der Deutschen Nationalbibliografie; detaillierte bibliografische Daten sind im Internet über http://dnb.d-nb.de abrufbar.

ISBN 978-3-946594-17-8

1. Auflage 2020

Herstellung: DGEG Medien GmbH
Druck und Verarbeitung: Bonifatius Druck, Paderborn

Bildautoren/-quellen in alphabetischer Reihenfolge

Peter Boehm · BOGESTRA-Bildarchiv · Günther Dillich · Klaus Döhler Bernd Dütsch · Eckehard Frenz · Andreas Halwer · Klaus Hoffmann Klaus Jördens · Karl-Heinz Kelzenberg · Manfred Krause Karl Landskröner · Wolf-Dietmar Loos · Dr. Rolf Löttgers Arnt-Ulrich Mann · Dieter Neumann · Siegmar Peter · C. Pott Werner Rabe · Wolfgang R. Reimann · Axel Reuther Erwin Rock/Slg. W. R. Reimann · Gustav Röhr · Fritz Roth · Jörg Rudat Slg. Heinz Johann · Jürgen Sporbeck · Alfred Spühr · Werner Stock Manfred Streppelmann · Reinhard Todt · Dieter Vogt Joachim von Rohr · Heinz Weidemann

Bei einigen Fotos war nicht mehr nachvollziehbar, wer sie aufgenommen hat bzw. bzw. aus welchen Quellen sie stammen. Autor und Verlag nehmen ergänzende/korrigierende Hinweise gerne an; sollten Abbildungen irrtümlich falsch zugeordnet worden sein, so geschah dies unabsichtlich, wofür wir vorsorglich um Entschuldigung bitten.

Für das Redigieren bedanken wir uns bei Dirk Göbel und Wolfgang Klee.

Hintergrundbild Seite 1: *Schon drei Monate ist die Wahner Straßenbahn eingestellt, dennoch sind die Hallentore auf Wunsch des Fotografen weit geöffnet. Das, was noch in der Halle stand, finden Sie auf Seite 51.*

Inhalt

Hier eine Übersicht der in diesem Buch gezeigten Städte bzw. Betriebe. Innerhalb der Kapitel wurde die Sortierung ebenfalls alphabetisch vorgenommen.

Aachen · Bielefeld · Bochum/Gelsenkirchen · Bonn · Celle Detmold · Dortmund · Duisburg · Düren · Düsseldorf Ennepetal · Essen · Hagen · Hamm (Westf.) · Herford Herten · Iserlohn · Köln · Krefeld · Minden · Moers Mönchengladbach · Monheim · Mülheim (Ruhr) · Neuss Neuwied · Opladen/Ohligs · Osnabrück · Paderborn Recklinghausen · Remscheid · Siegen · Solingen · Unna Wesel · Wuppertal

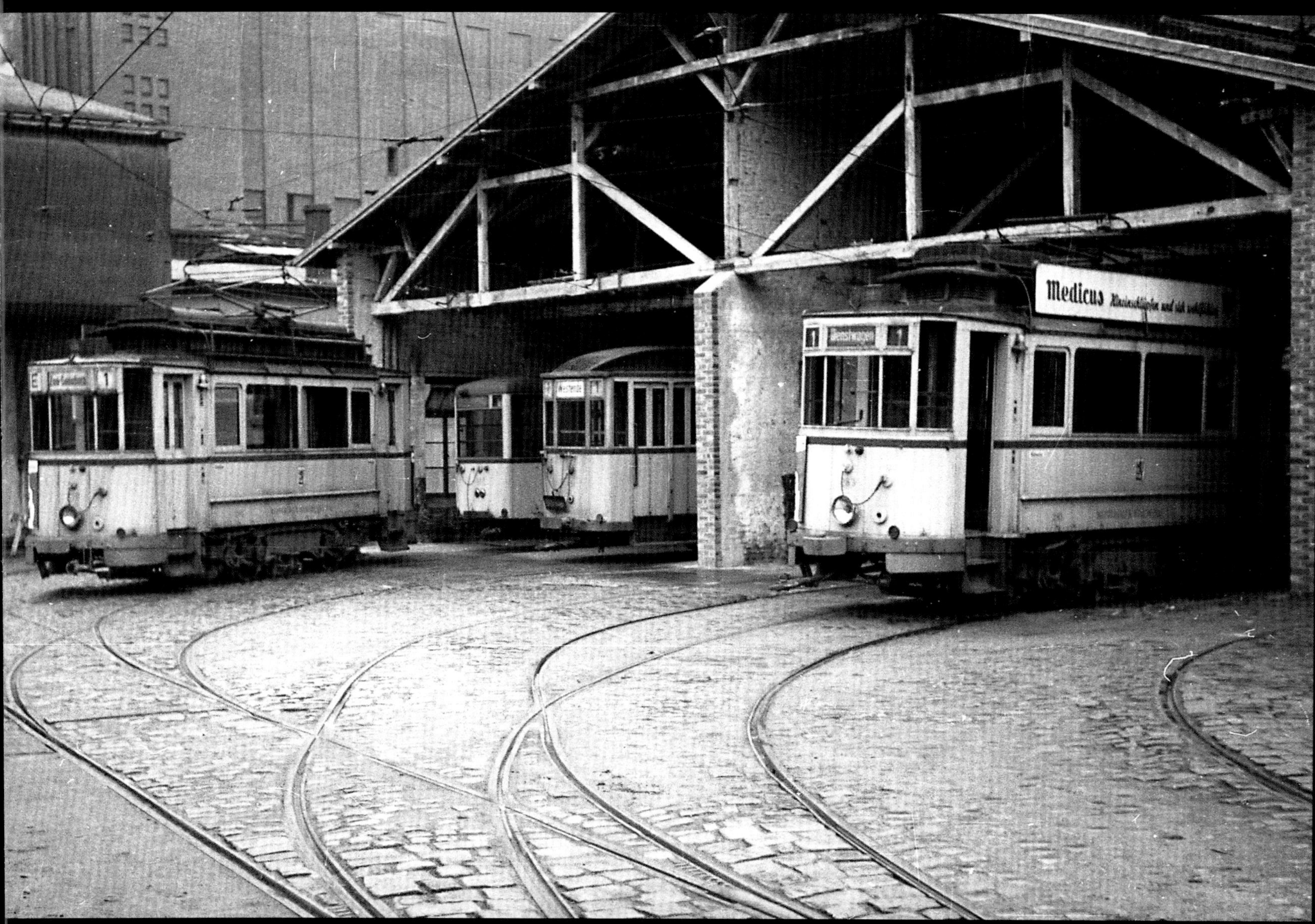

Wuppertal · *Eingeengt zwischen Wupper, Schwebebahn und der Friedrich-Ebert-Straße lag der Betriebshof Westende, dessen Namensgebung aus der Gründungszeit der Pferdebahn stammte. Beheimatet waren dort die Linien 1, 11, 21 und auch ab 1930 die 31 nach Mettmann. Zu dem abbruchreifen baulichen Zustand der Hallen erübrigt sich jeder weitere Kommentar.*

»... und nun ab ins Depot!«

Depots bzw. Betriebshöfe sind Kernstücke eines Straßenbahn-Unternehmens. Aber nicht nur deshalb üben sie auf Straßenbahnfreunde seit jeher eine besondere Anziehungskraft aus. Und, was die Faszination noch steigerte: für Nicht-Betriebsmitglieder galt und gilt zumeist noch heute: Betreten verboten! Umso mehr zu schätzen sind die dort manchmal trotz Verbot entstandenen Bilder. Ohne diese Dokumente könnte man sich manche, einst die (Stadt-)Landschaft prägenden und bereichernden Anlagen kaum noch vorstellen.

Mit diesem Bildband veröffentlicht DGEG Medien ein weiteres Buch, in dem fotografische Bestände bedeutender Fotografen der Öffentlichkeit vorgestellt werden. Verbunden ist damit die Absicht, diese „Kulturgüter" einer breiten Öffentlichkeit zugänglich bzw. erlebbar zu machen.

Die meisten Fotos stammen von Wolfgang R. Reimann, dessen Archiv über etwa 15.000 Aufnahmen verfügt (bevorzugtes Filmmaterial war übrigens der Film ADOX KB 14). Aber auch in den Nachlässen bzw. Archiven vieler weiterer Hobbyfotografen wie z.B. Arnt-Ulrich Mann, Heinz Johann, Erwin Rock, Heinz Meyer u.v.m. fanden sich wahre Schätze.

Bei der Bildauswahl haben wir einigen Betrieben mehr Raum gegeben, was verständlicherweise den Archivbeständen der beteiligten Autoren geschuldet ist. Hierbei geht die fotografische Reise quer durch Westdeutschland und streift Straßenbahnbetriebe von Ostwestfalen bis an den linken Niederrhein. Entscheidend bei der Auswahl der Bildmotive war die Atmosphäre, die sie vermitteln. Hierbei wird auch bewusst der ein oder andere technische Mangel mancher Aufnahmen, die teils viele Jahrzehnte alt sind, in Kauf genommen. Da, wo es vertretbar und möglich war, haben wir versucht, mit den heute zur Verfügung stehenden digitalen Werkzeugen nachzubessern.

Die Atmosphäre war auch das maßgebende Kriterium bei der Kapitel-Einteilung. So liegt hier weniger eine geografische als viel mehr eine thematische Ordnung zugrunde. Zur besseren Orientierung wurde innerhalb der Kapitel eine alphabetische Sortierung nach Städten vorgenommen.

Bildlegenden sind teilweise recht knapp gehalten, in einigen wenigen Fällen sind weder das genaue Datum der Aufnahme noch die exakte Ortsangabe angegeben, bekannt oder nachvollziehbar. Nicht immer konnten zweifelsfrei die Fotografen ermittelt werden. Sollte jemand ungenannt sein, so geschah dies nicht absichtlich. Korrigierende oder ergänzende Angaben dazu nehmen die Autoren und der Verlag gerne entgegen.

Wir wünschen Ihnen nun eine spannende Entdeckungsreise durch die Straßenbahn-Depots vergangener Zeiten und öffnen mit der nächsten Seite das Einfahrttor. Aber nicht vergessen: „Vor Einfahrt: Halt!"

Die Autoren, im September 2020

Zwischen Eilendorf und Eschweiler „erwischte“ Eckehard Frenz im Oktober 1969 seine Foto-Kollegen beim Ablichten des Aachener Triebwagens 6410. Mit von der Partie waren auch für die Zeit typische gummibereifte Fahrzeuge, wie VW-Bulli und ein Standardbus.

Vorfelder und Fassaden

Aachen · *Abendstimmung im Depot Eschweiler, das zur vorbeiführenden Straße hin völlig „offen“ war und auch noch 1968 gute Einblicke zuließ (siehe auch Gleisplan Seite 136).*

Bielefeld · *Direkt an der Schildescher Straße gelegen, bietet der offene Blick ins Depot der Stadtwerke viele Details: Fundbüro, Normaluhr und Unterstand für den „Rangiermeister“. Das nicht geringe Gefälle in Richtung Ausfahrt bedurfte auch einer genauen Beobachtung der Rangierbewegungen.*
Vorübergehend abgestellt sind die Fahrzeuge älterer Bauart im Bild rechts (1959) vor der Kulisse mächtiger Kühltürme.

Bochum/Gelsenkirchen · *Der Betriebshof an der Hauptstraße in Gelsenkirchen liegt „mittendrin“ im Wohngebiet. Die Architektur des Verwaltungs- und Wohngebäudes spiegelt die Epoche des „Backsteinexpressionismus“ wider, wie er in den 1920er Jahren en vogue war. Aber auch nach über 30 Jahren harmoniert sie gut mit dem damaligen Fahrzeugdesign der Busse und Bahnen (1964).*

Hier schauen wir im April 1976 noch einmal auf den rechts vom Hauptgebäude gelegenen Hallenteil in Gelsenkirchen, vor dem ein Triebwagen vom Typ „Kriegsstraßenbahnwagen" (KSW) auf Einfahrt wartet. Seit der Inbetriebnahme des Stadtbahntunnels entlang der Linie 301 ist eine Zufahrt zum Betrieb nur noch über die Luitpold- und Hauptstraße möglich, die Gleisharfen wurden entsprechend adaptiert. Der Betriebshof wurde im Jahre 2004 umfassend modernisiert.

Zeitenwende in eine „frohe Zukunft" im Jahre 1992: Die ersten Niederflurwagen der BOGESTRA sind in der Hauptwerkstatt Bochum-Gerthe eingetroffen. Neben dem Tw 402, der bereits das Bochumer Farbschema trägt, hat sich für Präsentationszwecke ein Exemplar für die Straßenbahn in Halle (Saale) dazugesellt.
Der Hallenser Wagen wurde ab dem 9. November 1992 in Gelsenkirchen getestet und danach nach Halle geliefert. Die Tests fanden seinerzeit infolge noch ausstehender Streckenzulassung in der Abstellanlage am Parkstadion statt.

Bochum · *Der Betriebshof in Bochum an der Wittener Straße besticht durch sein schlankes Vorfeld, wo über ein Zufahrtsgleis alle Hallengleise angefahren werden konnten (ca. 1935). Nicht ganz ungefährlich scheint im Nachhinein der Standort des Fotografen in Höhe des Fahrdrahts gewesen zu sein.*

Celle · *Ein kurzer Abstecher von Westfalen nach Niedersachsen – aber das Foto rechts durfte nicht fehlen, zeigt es doch die wohl platzsparendste Vorfeldkonstruktion überhaupt: drei Gleise, eine Mini-Drehscheibe – fertig (1955)! Ob so, wie Wikipedia behauptet, ein „Rückgrat des Nahverkehrs" aussieht, bleibt zu bezweifeln.*

Bonn · *Eine ungewöhnliche Souvenir-Jagd fand anlässlich einer Betriebshofbesichtigung im Juli 1967 in Hochkreuz statt. Sofort zu demontierende Teile wurden den Verkehrsfreunden zur Mitnahme angeboten, sodass das Fahrzeug anschließend schon fast nicht mehr fahrbereit war.*

1
1
2
9 9
6 6
8 8

Düsseldorf · *Zum Zeitpunkt der Aufnahme (1961) stand die Stilllegung der Linie V von Benrath nach Wuppertal-Vohwinkel bereits fest. Noch sind die Altbaufahrzeuge im Berufsverkehr präsent und stehen zur Ausfahrt bereit. Ein Jahr später konnten nach dem bereits stillgelegten Gleis 7 auch die restlichen Gleise dem Omnibus überlassen werden.*

Düsseldorf · *Ein massiver Backstein-Jugendstilbau beherbergte die Altbau-Zweiachser der Rheinbahn im Betriebshof Grafenberg (6. August 1964), der bereits kurz darauf stillgelegt wurde.*

Detmold · *Ein burgartiges Gewölbe mit Zinnen schmückt die Fassade des Betriebshof Heiligenkirchen. Das Fahrzeug, Triebwagen 2, ging mit Auflösung der Lippischen Straßenbahn am 1. Juli 1922 an die PESAG in Paderborn. Mit recht primitiven Mitteln und einigen mutigen Männern kann eine offenbar notwendige Reparatur angegangen werden.*

Düren · *In das Depot Distelrath der* ***Dürener Kreisbahn****, eine normalspurige Eisenbahn, hatte man nicht sehr viel Geld investiert. Das Erscheinungsbild des Bahnbetriebs war nicht besonders attraktiv. Das Foto oben entstand 1960, die untere Aufnahme bereits im Jahr 1935.*

Die ***Dürener Eisenbahn*** *(Bild links, 1957) – eine Straßenbahnunternehmung – fuhr auf meterspurigen Gleisen. Für die Unterbringung der Wagen entstanden statt einer großen Halle mehrere kleinere Schuppen, wie hier z.B. in Birkesdorf.*

Dortmund *· Mehr Vorfeld als Architektur fand man auf dem Betriebshof Fredenbaum (1964). Dem Fotografen wurde es leicht gemacht, diesen Schnappschuss der Freiluft-Aufstellanlage zu tätigen, da ihn zu dem Zeitpunkt keinerlei Absperrungen daran hinderten. Somit war auch für ihn der 1. Mai 1964 von Erfolg gekrönt.*

Beim Betriebshof Westfalendamm hat sich der Architekt für den Bau einer Hausdurchfahrt entschieden. Mit dem Stadtbahn-Ausbau in den 1980er Jahren war der Weg in diesen Betriebshof sozusagen versperrt, was zu seiner Schließung führte.

Duisburg · *Im Stadtteil Hamborn befand sich das einzige und größte Depot der gleichnamigen Straßenbahn (Meterspur). Ein Teil dieses Betriebshofs wurde in den 1950er Jahren auf Normalspur umgebaut. In drei Schritten vollzog sich das bis dahin in der Geschichte des deutschen Nahverkehrs größte Umspurungsprojekt. 1955 waren*

Wer ist in dieser Aufnahme aus dem Jahr 1964 im Betriebshof 1 an der Mülheimer Straße von größerem Interesse? Der abgedeckte Wagen eines Mitarbeiters oder der auf der Schiebebühne abgestellte Arbeits-Triebwagen 8?

die beiden wichtigsten Teile abgeschlossen, der dritte Bauabschnitt folgte 1958. Insgesamt betrug die umgespurte Gleislänge damit 45,012 Kilometer und beinhaltete außerdem 80 Weichen und 27 Gleiskreuzungsumbauten. Zum 6. Dezember 1959 ging auch die normalspurige Erweiterungsstrecke nach Obermarxloh in Betrieb (siehe auch Seite 137).

Die regnerische Tristesse macht die unterschiedlich lackierten Fahrzeuge auch nicht schöner. Unterschiedlichste Farbgebungen waren im Lauf der Jahrzehnte Gang und Gäbe. Auf dem Btf. Hamborn sehen wir 1992 den im klassischen Creme gehaltenen Tw 129, den bunten Harkort-Triebwagen 176 und den knallroten Tw 1079.

Duisburg · *Im Gegensatz zum Hamborner Depot wurde der Betriebshof Grunewald erweitert und später für den Stadtbahnbetrieb ertüchtigt. Die klar und einfach strukturierte Fassade der Halle steht im ästhetischen Kontrast zum damals nagelneuen Gelenk-Triebwagen 19, der seinerzeit nur auf der Städteverbindung nach Düsseldorf eingesetzt wurde. Die Aufnahme entstand während einer Sonderfahrt im März 1963.*

Von Nachkriegs-Fassaden umgeben war das Betriebshofgelände an der Mülheimer Straße (1960). Ob sich hier jemals Anwohner über das Quietschen der Straßenbahn beschwert haben, ist nicht überliefert. Die zentrale Lage bot indes vielerlei Vorteile für Betrieb und Personal. Heute taucht hier die Trasse der Stadtbahn in den Tunnel ab.

Heute steht auf dem Gelände des einstmals imposanten Depots Hamborn ein Supermarkt. Nur der Fahrschulwagen 3070 und ein zweiachsiger Arbeitswagen setzen im Juni 1992 farbliche Akzente in der durch zwei Müllcontainer bereicherten Szenerie.
Im August 1964 (Bild rechts) sind hier noch Fahrzeuge zweier Spurweiten untergebracht: Meterspur-Tw 426 hat sich neben Normalspur-Tw 20 für den Fotografen aufgestellt (vgl. auch Plan Seite 137).

An diese Stelle gehörte der Vollständigkeit halber eigentlich ein Foto aus dem Betriebshof Speldorf. Eigenartigerweise existieren hiervon keine (uns bekannten) abdruckwürdigen Aufnahmen. Lediglich Unterlagen über die dort im März 1969 abgestellten Fahrzeuge blieben erhalten: 15 KSW-Anhänger, acht Zweiachs-, ein Vierachs- und zwei Sechsachs-Triebwagen.

1
1
810
9

Essen *· Was in dieser Aufnahme vom Depot Grillostraße aus dem Jahr 1958 dominiert, wird jeder Leser letztlich für sich entscheiden müssen, beachtet werden sollten auf jeden Fall aber auch die vielen Details, wie der aufgebockte Großraum-Triebwagen links im Bild oder der schmucke VW-Käfer rechts. Kurz gesagt, eine sehr gelungene Bildkomposition aus Schienen, Fahrdrähten, Fahrzeugen und Industrie-Ikonen. Die Oberleitungsdrähte wirken wie der Ausschnitt aus einem Schnittmusterbogen. Augenblicklich befinden sich 24 Trieb- und drei Beiwagen im Sucher der 6 x 6-Kamera von Reinhard Todt (siehe auch Gleisplan Seite 138).*

Essen · *Bestenfalls „funktional" kann man die Schonnebecker Betriebshofanlage finden. Mit dem zur Zechenanlage Zollverein gehörenden Fördergerüst im Hintergrund und der Normaluhr im Bildvordergrund erschöpfen sich schon die Charakteristika dieser Szene. Weitere Utensilien würden diese „Ruhrgebietsidylle" nur stören ...*

Hauptverkehrszeit – die Fahrzeughalle in Borbeck ist relativ leer. Es stehen aber offenbar noch weitere Ausfahrten von Einsatzwagen an (1964).

Alle drei Aufnahmen am Fuß dieser Doppelseite entstanden im Depot Alfredusbad (Bredeney) in den Jahren 1962 und 1965. Die Ausleuchtung der Gebäudefronten durch die Frühlingssonne (Bilder Mitte und rechts) hebt die Qualität der Fotos deutlich von der der Schlechtwetteraufnahme links ab. Auch ein Straßenbahn-Fotograf hat leider keinen Einfluss auf die Wetterlage.

Ennepetal · *Im absolut schmucklosen Depot Esbecke (Neustraße 17) im Ortsteil Milspe sehen wir zwei Fahrzeuggenerationen nebeneinander. Die recht modern wirkenden „Niederflur"-Triebwagen (links) gingen nach der Stilllegung 1956 (konzessioniert war die Bahn bis 24. Februar 1957) nach Wuppertal und wurden dort für den Einsatz auf dem Normalspurnetz hergerichtet. Die Altbau-Triebwagen gingen ebenfalls nach Wuppertal, blieben aber meterspurig. Bemerkenswert ist der massive Baukörper im Bildhintergrund, bei dem es sich um einen Gasbehälter handelt.*

Hagen · *Wie Puderzucker hat einsetzender Schneefall am 29. Dezember 1962 die Werkstattzufahrt des Depots Wehringhausen überzogen. Vom Standort des Fotografen aus führen drei Gleise in den Werkstattbereich, ein zusätzliches viertes Gleis zweigt verdeckt rechts im Innenhof ab. Das linke Gleis führt durch die Fahrgestell-Reinigung in die Hauptwerkstatt, während die anderen Gleise direkt in die Hauptwerkstatt führen. Ein Mopedfahrer hat für sein Gefährt einen wettergeschützten Abstellplatz gefunden, Arbeitswagen 405^{II} muss dagegen ungeschützt in der Ecke vor dem Werkstatt-Tor frieren ...*

405

Hagen · *Für die richtige Beleuchtung auf dem Vorfeld der Wagenhalle Wehringhausen sind 1950 die Mitarbeiter mit der Montage neuer Strahler befasst. Die Aufnahme stammt aus dem Fundus der Stadtwerke Hagen, die vermutlich von der Straßenbahngesellschaft beauftragt waren, diese Arbeiten durchzuführen (siehe auch Gleisplan Seite 139).*

Herten · *Ein Sechsachser der BOGESTRA ist zu Besuch in der Hauptwerkstatt der Vestischen Straßenbahnen in Herten – weniger aus „dienstlichen" Gründen, sondern vielmehr im Rahmen einer privat organisierten Sonderfahrt von Bahnfreunden (27. September 1980).*

Köln · *Dieses Bild zeigt den Betriebsbahnhof in Thielenbruch. Die Aufnahme kann frühestens 1957 entstanden sein, denn in diesem Jahr ist der im Vordergrund auf einem Stumpfgleis stehende Dienstwagen 5211 aus dem Personenwagen 444 entstanden. Er existierte bis 1962. Der Wagen wurde 1936 von Westwaggon aus einem Tonnendachbeiwagen von 1925 in einen Triebwagen für die Vorortbahn umgebaut und trug dann die Nummer 991. Seine Aufgabe war es vorzugsweise, die für den Berufsverkehr benötigten Zusatzzüge Thielenbruch – Neumarkt, bestehend aus Triebwagen und bis zu drei Beiwagen, zusammenzustellen.*

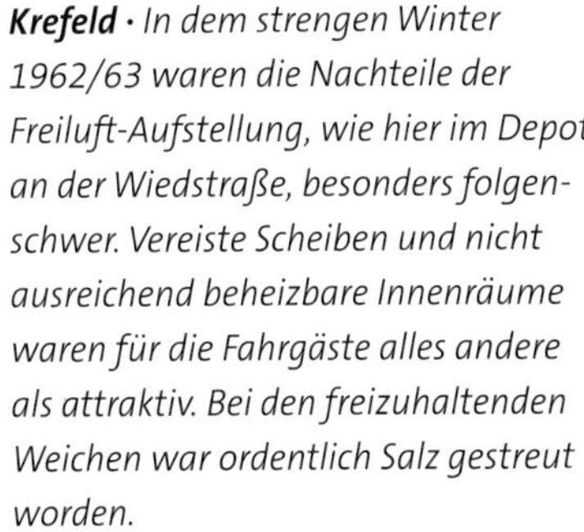

Krefeld · *In dem strengen Winter 1962/63 waren die Nachteile der Freiluft-Aufstellung, wie hier im Depot an der Wiedstraße, besonders folgenschwer. Vereiste Scheiben und nicht ausreichend beheizbare Innenräume waren für die Fahrgäste alles andere als attraktiv. Bei den freizuhaltenden Weichen war ordentlich Salz gestreut worden.*

***Mönchengladbach** · In der seitlich gelegenen Wagenhalle II haben sich im März 1967 der Vierachser Nr. 30 und Aufbau-Tw 95 vor der Halle dem Fotografen gestellt. Paralleles Ein- und Ausfahren war bei der Konstruktion der Weichenstraße sicher nicht möglich (siehe auch Gleisplan Seite 140).*

Spirituosen im werblichen Wettstreit. Im Schatten des Bahndamms an der unteren Hindenburgstraße lag das große Depot der Straßenbahn Mönchengladbach. Hier warten ein zu dem Zeitpunkt recht neuer Großraum-Triebwagen und ein Werbe-Triebwagen auf ihren weiteren Einsatz (links, 1960).

Moers · *Dass die Moers-Homberger Straßenbahn nicht gerade mit Geld gesegnet war, zeigt sich an vielen Details in dieser Aufnahme aus dem Depot Feldstraße im Jahre 1953. Hervorzuheben ist besonders dieser scheinbar „abstürzende" Triebwagen im Bild links, ein Eigenbau-Projekt. Ganz rechts hat noch ein Arbeitstriebwagen einen letzten Abstellplatz gefunden.*

Aus besseren Zeiten stammt diese Aufnahme aus dem Jahr 1926: Die Morgensonne mit ihrem flachen Schattenwurf verfeinert die Struktur der Jugendstilfassade des Depots in Moers. Fahrzeuge und Betriebsanlagen wirken sehr gepflegt.

Monheim *· Nüchterne Sachlichkeit bestimmt die Aufnahme des Lokschuppens in Langenfeld (1967). Dagegen wirkt die filigrane Struktur der Stromtrasse vom Kraftwerk Reisholz geradezu ästhetisch.*

Neuss *· An Einfallslosigkeit kaum zu überbieten ist die Gestaltung der Fassade der Wagenhalle in Neuss (1968). Dazu passen auch die „funktionell" gehaltenen Weichen ohne Einpflasterung mit Feldbahncharakter.*

Osnabrück *· Etwas unaufgeräumt und verwaist zeigt sich das Depot an der Lotter Straße, gerade so, als hätten alle Bediensteten gleichzeitig „den Hammer fallen lassen" und seien zu Tisch gegangen (siehe auch Gleisplan Seite 139).*

Lunika

Opladen-Ohligs · *Straßenbahnfahrzeuge verschiedener Generationen empfangen die Besucher auf dem 2.900 m² großen Depotgelände in Immigrath, gelegen an der Staatsbahnstrecke Troisdorf – Speldorf. Im Rahmen einer Sonderfahrt (1955) besucht eine Gruppe Verkehrsinteressierter unter anderem den fast fabrikneuen Westwaggon-Dreiachser links im Bild.*

Paderborn · *Die Sonne trägt dazu bei, dass diese Aufnahme vom Depot Tegelweg (1912) einen besonderen Charme vermittelt. Man könnte sogar meinen, mit entsprechender Retusche etwas der Natur nachgeholfen zu haben. Auf Gleis 1 hat ein alter Anhänger der Vorgängergesellschaft Westfälischen Kleinbahnen AG Platz gefunden. Heute beherbergt das inzwischen denkmalgeschützte Gebäude einen Lebensmittel-Discounter (s. auch Gleisplan Seite 140).*

Paderborn · *Ein halbes Jahr vor Stilllegung der Straßenbahn (April 1963) opferte Wolfgang Reimann ein Bild vom kostbaren und teuren Farbfilmmaterial CT18 dieser Szene im Betriebshof Tegelweg, wo nur noch die linken drei Hallengleise ihre ursprüngliche Bestimmung erfüllen. Ein Vergleich mit der Aufnahme aus dem Jahr 1912 auf Seite 33 lohnt.*

Um den Betriebshof Horn (links, 1953) führte eine Busschleife, da die Gespanne mit Anhänger nicht anders wenden konnten. Im Vordergrund überquert die Straßenbahn über eine nicht mehr ganz intakte Betonbrücke die Wiembecke (siehe auch Gleisplan Seite 140).

Remscheid · *Vorfelder, mal großstädtisch, mal minimalistisch. Oben der zentrale Betriebshof an der Neuenkamper Straße um 1930. Links/rechts: Für die Linie nach Wermelskirchen war ein eigener Betriebshof (am Güterbahnhof) aus Kostengründen nicht zu vermeiden. Dadurch wurden die Ein- und Ausrückfahren von und nach Remscheid, jeweils über acht Kilometer, gespart. Umgesetzt wurde dies durch einen in Wermelskirchen wohnhaften Personalstamm.*

***Solingen/Recklinghausen** · Zwei interessante Details sollen nicht verschwiegen werden: einmal die Doppelkreuzungsweichen-Konstruktion („Hosenträger“) im Vorfeld des Solinger Depots Schlagbaumer Straße (links) und die platzsparende Variante einer Drei-Wege-Weiche im Recklinghäuser Depot der Vestischen Straßenbahnen. Die Solinger Hallenkonstruktion vermittelt den Charme einer Garagenhalle. Die Hanglage ist verantwortlich für die unterschiedlich hohen Einfahrttore (siehe auch Gleisplan Seite 140).*

***Recklinghausen** · „Hübsch-hässlich“ wirkt im Bild links das Zusammenspiel der Farben und Formen auf dieser Aufnahme aus dem Jahr 1982. Die pinke Vollwerbung entspricht dem Geschmack der Zeit, das klassische Creme der beiden anderen Düwag-Triebwagen harmoniert deutlich besser mit der recht farblosen, aber dennoch verzierten Jugendstil-Wagenhallenfassade.*

***Wuppertal** · Die Platzverhältnisse im hinteren Bereich des Betriebshofs Kohlstraße waren so beengt, dass nur über eine Schiebebühne rangiert werden konnte. Auch diese drei Abstellgleise erreichte man nur darüber – eingezeichnet in den offiziellen Lageplan waren sie kurioserweise allerdings nicht. Die Fassaden der Gebäude gegenüber aus den ersten beiden Jahrzehnten des abgelaufenen Jahrtausends bilden eine großstädtische Kulisse.*

***Wuppertal/Schwelm** · Der Architekt der Wagenhalle in Schwelm hat die Breite der Einfahrttore auf das Minimum begrenzt – von „Sicherheitsraum“ keine Spur (Aufnahme von 1957). Beengt waren die Platzverhältnisse in diesem Depot allemal. Nachteile ergaben sich dabei insbesondere bei Rangierbewegungen, die sich wegen der Platzverhältnisse bis an die nahe gelegene Bundesstraße 7 zogen (siehe auch Seite 71, Bild oben).*

Wuppertal · *Einen Blick auf die Wagenhalle Kapellen aus der vorbeifahrenden Linie 23 ließen sich Verkehrsamateure nicht entgehen und entdeckten immer wieder abgestellte und nicht mehr benötigte Fahrzeuge (links, 1958). 1959 zog der Autobus in den linken Hallenteil ein. Die dort gelagerten Schwellen kamen nach der Absage der Umspurung der Ronsdorfer Straßenbahnlinien auf Normalspur nicht mehr zur Verwendung.*
In Velbert (oben) ist dagegen die Umstellung auf Busbetrieb 1952 bereits Realität, so dass der Beiwagen und der im Hintergrund erkennbare Arbeits-Tw nur noch als Relikte zu bezeichnen sind.
Der Betriebshof Westende – ca. 1962 aus einer fahrenden Schwebebahn heraus fotografiert – lag an der engsten Stelle im Wupper-Tal zwischen Kies- und Nützenberg und war nur über eine eingleisige Brücke erreichbar (siehe Seite 70): Doppelgeschossigkeit, Enge und Unübersichtlichkeit in der Gleisführung sind auf die Pferdebahnzeit zurückzuführen. Aber selbst die Großraum- und Gelenkwagen fuhren hier bis 1970 regelmäßig ein (siehe auch Gleisplan Seite 142).

In den Hallen

Aachen *· Ein allerletztes Mal hat der Fotograf am 29. September 1974, dem Stilllegungstag, die Gelegenheit, den recht modernen Triebwagen 1006 in seinem angestammten Umfeld zu fotografieren. Dies gelang, ohne dass einer der zahlreich anwesenden Besucher durchs Bild lief. Die Ausmaße des Hallenkomplexes künden vom einstigen Umfang des Aachener Kleinbahnnetzes. Mehr als ein Dutzend Fahrzeuge sind zur Abschiedsparade aufgestellt, angeführt von einem Pferdebahnwagen.*

***Bochum/Gelsenkirchen** · Wohl während der Hauptverkehrszeit wurde der Triebwagen 294 bei einer Kontrolle der Dachaufbauten im Depot Oskar-Hoffmann-Straße fotografisch dokumentiert (1965). Eine eigenwillige, aber effektive Konstruktion waren die als Absturzsicherung gespannten Netze über dem Gruben-Treppenabgang.*

Im Betriebshof Gelsenkirchen wurden Ende der 1980er Jahre nicht nur Straßenbahnen untergebracht, sondern auch eine Baulore, dazu passendes Baumaterial und ein Wagen der Weichenreinigung.

Bochum/Gelsenkirchen *· In Bochum befand sich an der Oskar-Hoffmann-Straße/ Universitätsstraße das größte Depot der BOGESTRA. Selbst in der Umbauphase (Verstärkung des Gleisunterbaus, 1962) wirken die Dimensionen der Wagenhalle imposant im Vergleich zwischen Größe der Fahrzeuge und der Hallendachkonstruktion. Heute befindet sich an dieser Stelle ein Parkplatz für die Mitarbeiter der BOGESTRA-Hauptverwaltung.*

Bonn *· Eine bemerkenswerte Lichtstimmung mit einer sprichwörtlichen Überstrahlung herrschte beim Besuch des Depots Hochkreuz im Juli 1967. Der zeitlos elegante Westwaggon-Dreiachser samt Beiwagen genießt vor dem nächsten Einsatz die Sonne über der damaligen Bundeshauptstadt.*

Düsseldorf · *Im totalen Kontrast zur gegenüberstehenden Aufnahme aus Bochum steht dieses Foto aus der Wagenhalle der Rheinbahn in Benrath. Hier wird abgebrochen statt aufgebaut, an dem schon länger nicht mehr eingesetzten Triebwagen 124 hat man mit den Verschrottungsarbeiten begonnen (1962).*

In den 1930er Jahren kamen Niederflur-Fahrzeuge in den normalspurigen Wagenpark, die bis heute durchaus elegant wirken, was man von dem Wagen 124 (oben) nicht sagen kann. Zeitbezogen hat man für diesen Wagen (ein Prototyp) die Nummer 1935 gewählt. Zum Zeitpunkt der Aufnahme im Jahr 1964 ist er aber bereits im Betriebshof Derendorf „arbeitslos" abgestellt.

Duisburg/Recklinghausen · *Aus dem selben „architektonischen Baukasten“ scheinen die Abstellhallen der Depots Duisburg-Hamborn und in Recklinghausen zu stammen. Spannbetonkonstruktionen bestimmen das Bild. Durch den Bau von Wartungsgruben konnten auch abseits der Werkstätten Kontrolluntersuchungen an Fahrwerken und dem Unterboden vorgenommen werden. Besondere Absturzsicherungen gab es damals nicht.*

Essen · *Der Charakter einer Straßenbahn-Wagenhalle kommt auf dieser Aufnahme des Betriebshofs Borbeck (1964) kaum zum Tragen. Eher könnte man sich unter der Konstruktion ein Industrieunternehmen vorstellen.*

Essen · *oben links: Mit einem Blick in die Gegenrichtung wirkt die Hallenkonstruktion in Borbeck wiederum nicht so straßenbahn-untypisch ...*

Hagen · *In die äußerste Ecke verbannt zu werden, war ein Privileg der Arbeitstriebwagen. Ohne Blitzlicht waren im Depot Eckesey (1964) keine wirklich guten Aufnahmen möglich.*

oben rechts: Ähnlich schwierige Lichtverhältnisse herrschten in Wehringhausen. Im Februar 1964 hatte das Wagenhallen-Personal extra für den Fotografen noch einmal per Beschilderung die 1962 eingestellte Straßenbahnlinie 10 zum Schützenhof zum Leben erweckt.

Köln · *Im Rahmen einer Sonderfahrt hatte sich die Betriebsleitung der Kölner Verkehrsbetriebe etwas Besonderes ausgedacht: Mit einem damals hochmodernen Vorortbahn-Wagen fuhr man die Gäste bis in das Depot der Köln-Frechen-Benzelrather Eisenbahn, in das in späteren Jahren „Bio's Bahnhof" einzog und Fernsehgeschichte schrieb.*

Herford · *Die Unterbringung der Fahrzeuge der Herforder Kleinbahn war auf zwei Hallen verteilt. Der Einsatzwagen nach Enger ist unter dem etwas besseren Bretterverschlag abgestellt (1964), was gegenüber einer Freiluftaufstellung aber immer noch die bessere Lösung war.*

Minden · *Fast wie ein Kirchenschiff wirkt die aus Ziegeln und Beton erbaute Halle der Straßenbahn Minden an der vielbefahrenen Portastraße. Auch hier wirft der Wandel seine Schatten voraus: Der Nachfolger der Straßenbahn, der Obus, steht bereits parat.*

Mönchengladbach · *Im Rahmen einer Sonderfahrt wurde 1964 das Depot an der Hindenburgstraße aufgesucht. Hier stehen Eigenbau- und Großraum-Triebwagen Seit' an Seit'. Düwag-Triebwagen 26 in Bildmitte ist bis heute als Denkmal erhalten.*

Monheim · *In die äußerste Ecke verkrochen hat sich die Lok 2. Enger hätte es kaum sein können. Der Triebwagen 21 der „Kleinbahn der Rheingemeinden" (ex Mettmanner Straßenbahn) ist dem Fotografen ein weiteres Mal vor die Linse gekommen, als deutlich bessere Lichtverhältnisse herrschten (siehe Seite 99).*

Mülheim (Ruhr) · *Die „Krönung" aller Straßenbahn-Betriebshöfe befindet sich wohl hier. Die gigantisch große Halle des ehemaligen Bundesbahn-Ausbesserungswerks wurde Anfang der 1960er Jahre dieser Nutzung durch die Straßenbahn zugeführt.*

Paderborn · *Nur noch die Hälfte der Hallenkapazität am Tegelweg wurde 1962 der Straßenbahn zugewiesen. Dem entsprechend sind nur noch drei von sechs Hallentoren in der ursprünglichen Form und Funktion. Ausgesprochen aufgeräumt präsentiert sich das Halleninnere im Depot Tegelweg im September 1963. Noch herrscht die Straßenbahn auf der Linie 1 vor, der Bus steht noch abseits.*

Remscheid · *An der Neuenkamper Straße wurde 1927 eine neue Wagenhalle in Betrieb genommen. Eine damals moderne Betonkonstruktion erlaubte viel Platz für Dachfenster und sorgte so für einen lichtdurchfluteten Raum. 40 Jahre später mussten durch Anforderungen für den ausgeweiteten Busverkehr umfangreiche Umbauten vorgenommen werden.*

Wesel · *Zu den vom RWE erbauten und betriebenen Überlandbahnen zählt auch die 42 km-Strecke Wesel – Rees – Emmerich. Für die nach 1945 nicht wieder aufgebaute Teilstrecke Rees – Emmerich stand eine kleine Wagenhalle zur Verfügung. Ohne die Fahrzeuge für Rees – Empel war die Unterbringung von zwei E-Loks, zehn Triebwagen und 19 Anhängern zu disponieren (Stand 1935). Drei Jahrzehnte später legte die RWE-Tochter RWB den Betrieb still.*

Wahn · *Eine echte Überraschung zum Jahresbeginn 1962 erlebte der Fotograf bei seinem Besuch. Beim Öffnen der Tore zur Wagenhalle fand er mehrere scheinbar noch intakte Fahrzeuge der bereits seit Oktober 1961 stillgelegten Straßenbahn vor. Vermutlich dürfte der Wert des Fiat 500 über dem Schrottwert eines Triebwagens liegen. Der ein oder andere Wagen kam aber dann dennoch bei der Kleinbahn Siegburg-Zündorf zu späten Ehren.*

Wuppertal · *Nur wenige Aufnahmen existieren aus dem Inneren der Wagenhalle Toelleturm, die bereits 1959 geschlossen wurde. Mit fünf Trieb-, einem Beiwagen und zwei Güterloks ist die Wagenhalle sehr gut besetzt. Den Blick in die Gegenrichtung zeigt eine der noch viel selteneren Farbaufnahmen aus dem Jahr 1959.*

Ein- und Ausfahrten
und Rangieren am Depot

Aachen · *rechts: Eine Besonderheit unter den Straßenbahn-Betriebshöfen war die Anlage an der Oberstraße in Aachen. Sie gliederte sich in zwei Ebenen, wobei der „Güterkeller“ den entsprechenden Fahrzeugen vorbehalten war. Die Rangierfahrt des Gütertriebwagens TOK1 quer über die Straße mit zwei Personenanhängern zu fotografieren, war sicher ein Glücksfall (1955).*

linke Seite: Der Tag neigt sich dem Ende zu, ein Wagen der Linie 22 passiert den Betriebshof Eschweiler, wo früher auch noch Beiwagen ab- und angehängt wurden. Auch ist der Fahrplan schon gestreckt und das Einrücken des nachfolgenden Wagens dürfte sich in diesem Fall bereits in der Dunkelheit abgespielt haben (1969).

Bielefeld · *Beobachtung aus ungewöhnlicher Perspektive. Der Fotografen-Standort ist in der Kleinen Bahnhofstraße, der Blick geht auf die Einmündung der Herforder Straße. Diese führt vor dem Triebwagen im Vordergrund an der Weiche nach rechts weiter, während der Zug geradeaus in die Unterführung zur Schildescher Straße fährt. Dort befand sich auch der Betriebshof der Straßenbahn. Das Gelände der Stadtwerke bildet die Industriekulisse. Die Gleislage der Straßenbahn war zu Hauptverkehrszeiten regelmäßig der Anlass für ein Verkehrs-Chaos!*

Bochum/Gelsenkirchen · *Planmäßig kehren zwei KSW-Triebwagen von einem Sondereinsatz in den Betrieb an der Hauptstraße zurück (Dezember 1962). Bis heute (2020) ist ein Fahrzeug dieses Typs, Triebwagen 96, in Bochum/Gelsenkirchen als Museumswagen erhalten.*

Im Betriebshof Gelsenkirchen gab und gibt es zwei Hallenteile, die über entsprechende Ein- und Ausfahrgleise erreicht werden. Die Gleise zum rechten Hallenteil liegen „open Air" (Bild oben). Um in den linken Teil zu gelangen, durchfährt man quasi die Fassade des Betriebshofsgebäudes (Bild links, 1985). Ein Teil der für das Rangieren notwendigen Weichen und Gleise befinden sich im Straßenbereich. Zum Vergleich der Blick in die Gegenrichtung auf Seite 8.

Bochum · *Aus Anlass des Kirchentages 1991 fahren die Einsatzwagen, die auf dem Gelände der Hauptwerkstatt im Stadtteil Gerthe abgestellt sind, Richtung Bochum-Innenstadt aus. Der Wagen der Verkehrsaufsicht, der von Triebwagen 351 fast verdeckt wird, sperrt die Straße für eine ungehinderte Abfahrt.*

Bonn · *Am Betriebshof Beuel sind 1979 die Grenzen zwischen Straßen- und Eisenbahnbetrieb fließend. In einer klassischen Straßenbahnschleife wartet Triebwagen 235 auf seine Abfahrt nach Dottendorf, der Arbeitszug und die links gelegene Trasse vermitteln eher Eisenbahn-Charakter.*

Düsseldorf · *Der „Prager Frühling" hat es möglich gemacht, dass ein Wagen der Prager Straßenbahn nach England an das Straßenbahnmuseum in Crich abgegeben werden konnte. In Düsseldorf machte der Transport am 23. August 1968 im Depot Derendorf einen Zwischenhalt. Straßenbahnfreunde aus der gesamten Umgebung waren aus diesem Anlass an diesem Freitagnachmittag angereist. Der Lkw-Fahrer war in großer Not, weil er keine Anweisungen hatte, wie er sich weiter verhalten sollte, nachdem Truppen des Warschauer Paktes das Regiment in seiner Heimat übernommen hatten. Das Personal des einrückenden Einsatzzuges staunte nicht schlecht.*

Noch wird am 2. April 1962 auf dem Betriebshof in Düsseldorf-Benrath fleißig rangiert, am 10. April wurde die letzte meterspurige Linie O der Rheinbahn (Düsseldorf-Benrath – Solingen-Ohligs) stillgelegt. Ob der Triebwagen 109 noch einmal als „Sonderzug" auf die Strecke ging, ist nicht überliefert.

Hagen · *Vor dem Depot Oberhagen hat man die Gleisanlagen etwas vom Straßenverkehr separiert (März 1967). Vom Depot aus konnte sowohl in Richtung Innenstadt (Bild oben) als auch in Richtung Eilpe ausgefahren werden (Bild links). Zum Schutz der Fußgänger war zum Gehsteig hin ein Geländer errichtet worden.*
Anlässlich einer Abschiedsfahrt für die Bergischen Museumsbahnen am 23. Mai 1976 posieren mit Wagen 50, der „älteste" Großraumwagen von 1958, und Wagen 85 als „jüngster" Gelenkwagen von 1968 in der Sonne. Beide Fahrzeuge fanden 1977 in Belgrad eine neue Bleibe.

Hamm (Westf.) · *Vom Betriebshofgelände auf die Straße hat es den Schleifwagen der Straßenbahn Hamm verschlagen. Der Grund ist links im Bild sichtbar: Wasser zum Kühlen der Schleifsteine muss nachgetankt werden, der dafür erforderliche Hydrant wird just montiert und der Schlauch herangerollt. Der Schleifvorgang zur Beseitigung von so genannten Riffeln wird erst „auf Strecke" aktiviert.*

P
ONKO KAFFEE
OVER
STOLZ
20

Krefeld *· Im September 1967 hat sich am Betriebshof Philadelphiastraße (früher Kronprinzenstraße)/Ecke Bleichpfad eine bunte Fahrzeugvielfalt versammelt. Genauso interessant wie die Straßenbahnen im Hintergrund ist der Setra-„Kleinbus“ 5603, den man für den Einsatz auf schwach frequentierten Linien angeschafft hatte. Die z.T. weit auseinander liegenden Anlagen wurden ab 1991 neu erstellt.*

Minden *· „Schaffner voraus!“ hieß es bei Rangierbewegungen am Depot an der Portastraße (1959). 1960 zog in diese Hallen der Omnibus ein.*

Iserlohn *· Erwin Rock lichtete dieses elegante Gespann am Betriebshof Grüne ab (Bild links, 1958). Menschenleer wirkt die Szene buchstäblich wie ein Stillleben.*

Mönchengladbach · *Zwei damals (1964) noch recht neue Düwag-Zweirichtungs-Sechsachser begegnen sich an einem trüben Tag an der Depoteinfahrt auf der unteren Hindenburgstraße. Der Zug der Linie 10 fährt von Windberg kommend in das Depot ein, der Wagen der Linie 7 Richtung Stadtmitte/Holt muss so lange warten.*

Mülheim (Ruhr) · *Letzte Ausfahrt! Dass die Mülheimer Straßenbahn für die letzte Fahrt nach Oberhausen 1971 einen noch recht modernen Gelenkzug plus Beiwagen zur Verfügung stellte, ist schon ein Treppenwitz in der Geschichte der Ruhrgebiets-Bahnen. Jahre später (1996) sollte sich die Geschichte noch einmal umkehren und Oberhausener Wagen auch wieder in Mülheim das Straßenbild bereichern.*

Neuss · *Am Depot in Neusserfurth entstand 1970 diese Aufnahme mit zwei Zweirichtungs-Sechsachsern, wie man sie in der Form, allerdings in meterspuriger Ausführung, nur im Ruhrgebiet, in Hagen, Mönchengladbach und Heidelberg antraf.*

Ein Eigenbau-Fahrzeug mit Vergangenheit, die Wuppertaler Lok 601, bis 1959 noch für den Verschub von Normalspurwaggons auf Rollwagen zuständig, kam anschließend in Neuss zu höherwertigen Aufgaben, dem Rangieren von Anhängern am Endpunkt Neusserfurth. Heute ist sie in Wuppertal bei den Bergischen Museumsbahnen e.V. als Denkmal erhalten geblieben. Die modernen zweiachsigen Leichtbau-Anhänger aus dem Jahr 1955 wurden nach Stilllegung der Neusser Straßenbahn nach Duisburg abgegeben.

Osnabrück · *Ein Zug – mit Beiwagen 58 voraus – rückt aus dem Depot Lotter Straße aus. Die Schaffnerin steht am vorgeschriebenen Platz auf der Plattform. Rangierfahrten dieser Art waren aufgrund des geringen Autoverkehrs damals kein Problem.*

Paderborn · *Klaus Jördens aus Gütersloh gelang mit einer Leica plus Weitwinkelobjektiv dieses beeindruckende Foto des Betriebshofs Tegelweg. Der bis 1959 noch im Überlandverkehr nach Detmold verkehrende Wagen trägt als Zielangabe noch die allgemein gehaltene Angabe „Paderborn“ ohne weitere Details. Tatsächlich ging die Fahrt von hier aus über die Innenstadt bis zum Hauptbahnhof.*

Remscheid *· Am Depot an der Neuenkamper Straße wurde Tw 102 „unter Strom“ bei seiner Ausfahrt auf der letzten Remscheider Linie 3 in Richtung Innenstadt abgelichtet (1969).*

Remscheid · *Spätsommer 1969, der Straßenbahnbetrieb ist bereits eingestellt, die Fahrleitung entfernt. Triebwagen 102 ist auf die Straße geschleppt worden, um dann im Ostbahnhof für seinen Abtransport nach Darmstadt verladen zu werden. Der Fotograf befindet sich auf fast derselben Position wie beim Foto eine Seite zuvor, nur um 180 Grad gedreht. Im Hintergrund ist die auf einem Berg gelegene Innenstadt zu erkennen.*

Solingen · *Von links schiebt sich bereits der Nachfolger der Straßenbahn ins Bild (1958), der bis heute den Nahverkehr dort prägt: der Obus. Aber noch sind im Depot Kuller Straße Straßenbahnen in Betrieb, auch wenn deren Ende bereits besiegelt ist.*

Wuppertal · *Die Gleislage am Depot Kohlstraße wird auf dieser Aufnahme von Arnt-Ulrich Mann noch einmal besonders anschaulich in Szene gesetzt. Um baulichen Aufwand möglichst zu vermeiden, wird die sonst zweigleisige Strecke in diesem Bereich kurzerhand eingleisig, so dass man sich unnötige Weichen und Kreuzungen sparen kann. Die intensive Beanspruchung des Schienenmaterials ist nicht zu übersehen …*

Wuppertal · *Das Depot in Cronenberg lag etwas unterhalb der Berghauser Straße und wurde über eine recht steile Zufahrt erreicht, ...*

... an deren unterem Ende gerade ein KS-Beiwagen an seinen Abstellplatz auf dem Betriebshofgelände rangiert wird (rechte Seite). Der Radfahrer muss warten und findet das Geschehen offenbar recht interessant.

Letzte Ein- und Ausfahrten am Meterspur-Depot Kohlstraße: Am 7. August 1970 ist auf der letzten verbliebenen Schmalspur-Linie 25 (Elberfeld Bf. – Dönberg) zum Abschied noch einmal alles unterwegs, was rollen kann. Weitere fünf Jahre werden aber noch einige Fahrzeuge, die zum Bestand der Bergischen Museumsbahnen gehören, hier sicher untergestellt sein, bevor sie auf das Museumsgelände in Wuppertal-Kohlfurth umgesiedelt werden mussten.

SINZIGER BRUNNEN
5
Dönberg
5
BOENICKE

Wuppertal · *Das Depot Westende konnte nur über eine eigene, mit einem Gleis und Holzbohlen versehene Brücke über die Wupper erreicht werden. Das führte zu einem nicht unbeträchtlichen Rangieraufwand, insbesondere in der Hauptverkehrszeit, in der zahlreiche Beiwagen an- und abgehängt werden mussten. Der Fahrdraht hängt hier besonders niedrig, um der darüber verkehrenden Schwebebahn nicht in die Quere zu kommen. Die Anlage war noch bis 1970 für die Linie 21 in Betrieb, mit einzelnen Kursen auch für die Linien 1 und 11.*

Wuppertal/Schwelm · *Die räumliche Enge im Betriebshof Schwelm hatte oft aufwändige Rangierbewegungen auf der Bundesstraße 7 zur Folge – insbesondere beim An- und Abhängen von Beiwagen. Diese Arbeiten wurden stets durch einen Mitarbeiter mit Warnflagge abgesichert. Angesichts des damals noch halbwegs überschaubaren Autoverkehrs eine gängige Betriebspraxis, nicht nur in Wuppertal. Links im Bildhintergrund ist ein Düwag-Gelenkzug in der „Gleisschleife", der Endstation der Linie 18 Wuppertal – Schwelm, auszumachen (1964).*

Für den Sonderverkehr anlässlich der Bundesligabegegnung Wuppertaler Sportverein – Schalke 04 (1 : 1) im Stadion am Zoo rückt am 23. März 1974 der Großraumzug aus dem Depot Walterstraße in Heckinghausen in Richtung Elberfeld aus.
Bis 1972 waren hier auch die Obusse stationiert, deren Platz nunmehr der Dieselbus einnimmt. Das Gelände wurde nach Stilllegung der Straßenbahn 1987 verkauft und gewerblich genutzt, der neue Besitzer holte sich sogar für einige Zeit eine Dortmunder Straßenbahn als Konferenzraum dorthin zurück.

Werkstätten – hinter den Kulissen

Bonn · *Die beiden bis 1966 im Kreis Wesel eingesetzten Vierachs-Großraumwagen machten sich nach Einsätzen in Bonn bzw. bei den SSB als Einsatzwagen nützlich. Ein vor kurzem angelieferter Wagen wird gerade einer Inspektion unterzogen, als eine Gruppe Verkehrsfreunde einen Blick in die eindrucksvolle Werkstatthalle wirft (1967). Ein Wagen blieb bis heute (2020) im „Historama" im österreichischen Ferlach erhalten.*

Bielefeld · *Im Betriebshof Schildescher Straße hat man einen damals recht neuen Düwag-Sechsacher mittels Elektrowinden angehoben. In dieser Aufnahme (ca. 1963) wirkt besonders der Kontrast zwischen modernem Fahrzeug und betagter Werkstatthalle.*

Bochum/Gelsenkirchen · *In Werkstätten wie der in Weitmar zu arbeiten, war nicht immer ein Vergnügen, insbesondere dann, wenn Wagenkästen oder Radsätze von den Portalkränen angehoben wurden. Die Einhaltung der Unfallverhütungsvorschriften musste umso genauer befolgt werden. Zu sehen sind Wagen 515 – mit dem ironischen Hinweis „besetzt" –, Wagen 213 in weniger gepflegtem Zustand und in Bildmitte der Wagen 149 (Ende der 1920er Jahre).*

Die Anordnung der Abstellgleise und die damit ermöglichte Schleifenfahrt (siehe auch Bild Seite 136) innerhalb der Halle des Betriebshofs Bochum Universitätsstraße waren sehr beeindruckend. Hier ließen sich für Fotografen, insbesondere bei Fotos in der Nacht mit langen Belichtungszeiten, einzigartige Motive einfangen.

1970 wurde der Einmann-Betrieb bei der BOGESTRA eingeführt. Darauf wies das Schild „Einstieg vorn" hin. Zusätzlich standen für Tw 36 von der Hauptwerkstatt Gerthe aus noch Bremsprobefahrten an, für die man ihn mit einem weiteren, originell platzierten Schild versah. Nebenan stehen Elektrowinden bereit, um einen Wagen anzuheben, wie es links im Bild bereits passiert ist

***Düren** · Nur selten waren unter entsprechenden Voraussetzungen Dampfloks und Straßenbahnwagen in einer Halle vereint. Allerdings ging das zu Lasten der Straßenbahn, denn deren Beiwagen waren kurzfristig wohl kaum rangierfähig – siehe das „Gerümpel" in der rechten Bildhälfte (1935).*

Straßenbahnen machen nachts Toilette

Der DGA* unter der Putzkolonne in Hamborns Straßenbahn-Depot

Hamborn – Um 16.34 Uhr zertritt ein Mann in der Linie 23 einen Zigarrenstummel auf dem Boden. Zur gleichen Zeit läßt ein junges Mädchen in der Linie 14 die zerknüllte Kinokarte fallen. In der 22 patscht ein vierjähriges Kind mit schokoladenverschmierten Fingern gegen die Fensterscheibe und in der Linie 11 entdeckt die Beiwagenschaffnerin kurz vor der Pollmannecke, daß die Tür schief in den Angeln hängt.

Das geschieht um die gleiche Zeit, um 16.34 Uhr. Es wiederholt sich an allen Tagen, zu allen Stunden und auf allen Hamborner Straßenbahnen. Und doch verlassen allmorgendlich 56 blitzsaubere Wagen den Betriebsbahnhof an der Schlachthofstraße.

56 Wagen werden gewaschen

In der Zeit von 20 bis 1 Uhr nachts laufen die Wagen im Depot ein. 36 Trieb- und 20 Beiwagen. Die Schaffner schreiben gähnend die Abrechnung und der Fahrer füllt den Befundzettel aus. „Signalleine gerissen" – „Fensterscheibe im Beiwagen zersplittert" – „Lichtkabel defekt" … Nach zahlreichen Fahrten am Tage zeigen sich immer wieder kleine Schäden. Wenn dann der letzte Mann vom Fahrpersonal das Depot verlassen hat, beginnt die nächtliche Wäsche bei der Straßenbahn. Dann sind sie ganz unter sich: Schlosser, Elektriker, Schmierer, Putzfrauen und 56 schmutzige Wagen.

Da geht es nicht mehr nach Linien, sondern nach den Wagennummern. „Fahr die 543 über den Kanal. Läuft auf ‚Eiern'"! Bremsen ziehen auch nicht scharf durch. Und dann klettert der Schlosser mit Lampe und Hammer in den „Kanal", die Ausschachtung zwischen den Schienen, um so den Straßenbahnwagen von unten überprüfen zu können.

„Kleine Arbeiten werden während der Nacht schnell ausgeführt", erklärt Inspektor Zülch, der 16 Stufen hoch in einem Büro mit großen Glasfenstern über der Werkstatt thront und alles überblickt. „Ernst wird die Sache erst beim Versagen der Strombremse. Seit dem „Beinahe-Unglück" an der Schwanentorbrücke muß ich in diesem Fall sogar persönlich nach der Reparatur die Probefahrt vornehmen und meinem Chef in Duisburg, Dipl.-Ing. de Berg, Meldung erstatten."

20 Frauen helfen mit

In der Putzkolonne, die immer Nachtschicht hat, befinden sich 20 Frauen. Mit Besen und Fensterleder rücken sie dem zähen Hamborner Schmutz zu Leibe. Wir haben lange nach einem praktischen Putzmittel gesucht. „‚Rei' hat das Rennen gemacht", erzählen die Frauen, von denen einige früher im Fahrdienst waren. Große Wäsche aber wird nur alle drei Monate gemacht. Dafür muß der Wagen zwei bis drei Tage aus dem Verkehr gezogen werden. Einreiben mit Spezialpaste. Einwirken lassen. Nach einer Stunde abschruppen. Aufpolieren des Lacks! „Ich sitze dahinter", sagt Inspektor Zülch, der neben dem Hamborner Depot auch noch Meiderich und Walsum betreut.

Um 5 Uhr morgens nehmen die Fahrer wieder von den Wagen Besitz, das Bimmeln füllt die Halle mit Ohren betäubenden Lärm. Aus den Nummern sind wieder Linien geworden. Zurück bleibt die nächtliche Kolonne und ein Haufen Abfall.

chr.

* *Artikel aus dem Duisburger General-Anzeiger (DGA) vom 23. September 1951*

Duisburg/Kreis Ruhrorter Straßenbahn

„Im Bereich des Betriebsbahnhofs Meiderich wurden 1922 und 1924 neue Werkstätten mit zehn Wagen-Reparaturständen und sechs Ständen für die Lackiererei und Schreinerei nebst allen maschinellen Einrichtungen und einer überdachten Schiebebühnenhalle von 53 Metern Länge und 15 Metern Breite erbaut." – so berichtet der Verfasser der Chronik „35 Jahre KRS".

Es sollte nicht unerwähnt bleiben, dass der Betrieb 1903 durch einen verheerenden Großbrand im Depot gewaltigen Schaden erfuhr. Durch den Verlust von 28 Motor- und drei Beiwagen kam der Betrieb damals zum Stillstand.

Ganz im Gegensatz zu den Bildern auf der gegenüberliegenden Seite hat die Belegschaft der Motorenwerkstatt es sich hier nicht nehmen lassen, mit auf die Platte gebannt zu werden, was anno 1908 ja auch immer noch ein besonderes Ereignis war.

Düsseldorf · *Im Aufbauwerk Heerdt hat sich im August 1964 unter anderem ein Altbau-K-Bahn-Triebwagen eingefunden. Einer seiner Nachfolger, der imposante Achtachser 1263, wird zur näheren Untersuchung angehoben. Die Malerwerkstatt hat die besondere Aufgabe, den Fahrschulwagen lacktechnisch auf den neuesten Stand zu bringen.*

Duisburg · *Ein seltenes Bilddokument: Offensichtlich gerade aus dem Werk Uerdingen in Grunewald eingetroffen, stehen zwei meterspurige Aufbauwagen zur Abnahme an (1948), die aber schon nach einigen Jahren auf Regelspur umgebaut werden sollten.*

Hagen · *Als Rolf Löttgers am 22. Januar 1963 in der Hauptwerkstatt Wehringhausen auf den Auslöser drückt, befindet sich das Laufgestell von Beiwagen 117 gerade in „großer Revision", die Radsätze sind ausgeachst. Welcher Triebwagen daneben in der Lackiervorbereitung ist, hat er leider nicht notiert.*
Im Gegensatz zu den Zweiachsern, erfolgte der Umbau fast aller Großraum- und Gelenkwagen zu Einmann-Wagen in der neuen Hauptwerkstatt Oberhagen. Das enorme Pensum konnte nur mit Hilfe von Monteuren der Firma Kiepe über mehrere Jahre gestemmt werden, die Chef-Elektriker Manfred Streppelmann (links im Bild) 1970 zu einem Erinnerungsfoto animieren konnte.

Hagen · *Zwischen Fahrgestellen und Stromabnehmern fand 1971 in der geräumigen Hauptwerkstatt Oberhagen die Hauptuntersuchung des Sechsachsers 76 statt. Seine Werbung „Wicküler Bier" vermittelt dabei schöne Grüße aus Wuppertal. Auf einem der Nebengleise wird der am 27. Dezember 1967 verunfallte Großraumwagen 52 völlig ausgeschlachtet, was am 18. September 1972 mit der Verschrottung des Wagenkasten zum Abschluss kommt.*

Iserlohn · *Ein Blick hinter die Kulissen respektive in die wie ein Museum wirkende Wagenhalle Linscheid zeigt vor allem eins: die handwerklichen Anforderungen an das Werkstattpersonal dürften hoch gewesen sein.*

***Köln** · Eine in ihren Dimensionen beeindruckende Betriebsanlage war die Hauptwerkstätte der Kölner Verkehrsbetriebe im nördlichen Stadtteil Weidenpesch (bis 1952 Merheim lrh.). Die Aufnahmen aus den frühen 1950er Jahren zeigen die große Montagehalle, welche eine Fläche von 5430 m² einnahm.*

Die auch heute noch genutzte „HW“ entstand in den Jahren 1920 bis 1923. Auf einer Fläche von etwa 1500 m² war eine nach modernen Gesichtspunkten gebaute Einrichtung für den Unterhalt der damals etwa 1100 Personenfahrzeuge der Bahnen der Stadt Köln entstanden.

Nach 1945 war der frühere Glanz verblasst, die HW selbst war bei den Bombenangriffen stark beschädigt worden. Zum Zeitpunkt der Aufnahmen waren die Schäden weitgehend beseitigt.

Die große Aufnahme auf der linken Seite zeigt Arbeiten an einem auf der Hebebühne stehenden zweiachsigen Vorortbahntriebwagen aus dem Jahre 1908. Der daneben auf den Gleisen stehende Triebwagen des Stadtnetzes ist nur fünf Jahre jünger. Die Substanz der 40 und mehr Jahre alten Holzkästen war verschlissen und die Instandhaltung aufwendig.

Das Bild rechts oben öffnet den Blick in den Arbeitsbereich der Fahrgestell-Instandhaltung. Es werden gerade Radreifen aufgezogen, was damals überwiegend Handarbeit war. Ganz im Vordergrund steht eines der dreiachsigen Lenkuntergestelle einer 1939 bis 1942 beschafften Fahrzeugserie, die im Hinblick auf den Komfort Maßstäbe setzte.

In der unteren Abbildung ist vorne der Stahl-Wagenkasten eines der Dreiachser zu sehen. Die 29 Stände der Wagenkastenaufarbeitung sind nahezu vollständig belegt und auch ein Autobus wird dort behandelt. Nicht im Bild zu sehen ist die große Schiebebühne, welche die Stände in zwei Bereiche teilte und ein Versetzen der Fahrzeuge innerhalb der Halle ermöglichte.

Neben den planmäßigen Untersuchungen und Überholungen nahm die Beseitigung von Unfallschäden erhebliche Zeit in Anspruch. Die meisten Tätigkeiten wurden in Handarbeit vorgenommen und erforderten entsprechend viel Personal. *Axel Reuther*

Osnabrück · *Offenbar kurz hintereinander entstanden diese beiden Aufnahmen am 31. Juli 1957 – dennoch bieten sie zwei völlig unterschiedliche Perspektiven auf die Arbeiten in der Hauptwerkstatt. Zur Orientierung dient der Werkstattmitarbeiter in der rechten Hälfte der Bilder. Die obere Aufnahme, leider im Laufe der Jahrzehnte verkratzt, entstand von der Treppe zum Werkmeisterbüro aus, das sich in Höhe der Fahrleitung in der Trennwand zur Wagenhalle befand. Die Ausstattung mit Transmissionsriemen ist heute nur noch im Industriemuseum zu finden. Auf kleinstem Raum war man hier in der Lage, alle erforderlichen Arbeiten vor Ort durchzuführen.*

Recklinghausen · *Die Betriebe sahen es eigentlich nicht gerne, dass unfallbeschädigte Fahrzeuge fotografiert wurden, da unter Umständen Ermittlungen der Staatanwaltschaft oder der Versicherungen noch nicht abgeschlossen waren. Umso mehr war die Begehrlichkeit groß, die Kamera für solche fraglichen „Erinnerungsfotos“ einzusetzen. So dokumentierten die Teilnehmer einer Sonderfahrt neben dem in Reparatur befindlichen Schleifwagen die beiden an einem Zusammenstoß in Gelsenkirchen-Buer im Juli 1980 beteiligten Triebwagen. Dennoch keine besonders schönen Motive.*

56
56
3

Siegen *· Nach Einstellung des Straßenbahnbetriebs 1956 unterhielt die Kreisbahn noch einige Jahre auf den verbliebenen Strecken Güterverkehr zwischen Geisweid und Buschhütten sowie zwischen Kaan-Marienborn und Eisern. Für den elektrischen Güterverkehrsabschnitt Geisweid – Buschhütten stand in einem von Obussen und anderen Fahrzeugen genutzten Betriebsgebäude ein eigener Abstellplatz für die Lokomotive zur Verfügung (1962).*

Remscheid *· Die Fertigstellung der neuen Wagenhalle Neuenkamper Straße (linke Seite) war im Sommer 1927 Anlass für den Fotoauftrag an den Stadtfotografen Hugo Mende. Besonders beeindruckend ist die fotografische Anordung, die sowohl einen Blick in das Weyer-Fahrgestell als auch in die großzügig ausgeleuchtete Gesamtanlage vermittelt. Bemerkenswert sind auch die modernen Hebevorrichtungen für die Triebwagen.*

Wuppertal · *1962 bekam der Betriebshof Kapellen wegen neuer Wagen für die Meterspur noch einmal eine Gnadenfrist und diente für die Vorbereitung der frisch gelieferten Vierachser auf den Liniendienst als Freiluft-Werkstatt. Der Obus überlebte das Ende der Meterspur-Straßenbahn in Wuppertal (1970) nur um zwei Jahre.*

Im Depot Westende, das unmittelbar an der Wupper und der Schwebebahn lag, kamen 1956 per Tieflader auch die von Ennepetal erworbenen Meterspur-Triebwagen des Niederflur-Typs an, um dann für den Einsatz auf dem Regelspurnetz umgebaut zu werden – ausreichend Personal ist offenbar vorhanden ...

Das Personal im Meterspur-Betriebshof Cronenberg genießt die Wochenendruhe, die der Fotograf im Juli 1964 nutzt, die Szene unerkannt im Bild festzuhalten. Verständlicherweise wurde nicht immer ohne Weiteres eine Fotogenehmigung erteilt. In Remscheid wurde Wolfgang Reimann sogar einmal der Spionage für den ostdeutschen Geheimdienst (Stasi) bezichtigt.

Die Instandsetzung und Wiederaufbauarbeiten an der Wagenhalle in Heckinghausen (Regelspur) wurden erst um 1957 abgeschlossen. Das kann der Anlass für diese Aufnahme gewesen sein, die seinerzeit auch in der Zeitschrift „Nahverkehrs-Praxis" veröffentlicht wurde.

Aachen · *Dem „Dienstwagen" TGL 37 droht offenbar die baldige Verschrottung, während Tw 7301 (Talbot, 1927) noch seinen Bügel an die Fahrleitung legen darf. Der Betriebshof Brand, wo diese Aufnahme 1962 entstand, lag an der Strecke der Linie 15 nach Stolberg.*

Arbeits- und Rangierfahrzeuge

Bielefeld *· Das Abstellgleis in der Wendeschleife Senne diente des Öfteren als Freiluft-Depot, u.a. 1953 für den Arbeits-Tw 34 samt Arbeitsanhängern.*

Bonn *· Unter den Arbeitswagen vermutlich einer der längsten war der Tw 27 der SSB. Angesichts des weit ausgedehnten Streckennetzes war auch ein adäquates Arbeitsfahrzeug vonnöten.*

Bochum/Gelsenkirchen · *Ausschließlich Ausbildungszwecken diente der Triebwagen 600 der BOGESTRA. Hier traf ihn der Fotograf im März 1975 auf dem Betriebshof Gelsenkirchen an. Gut erkennen kann man das Pult des Fahrlehrers in der linken Wagenhälfte. Ebenso gibt es zwei verschiedene Fahrstände, einen mit Kurbel- und einen mit Knüppelsteuerung (rechte Plattform).*

Dortmund · *Auf dem weitläufigen Gelände des Depots Dorstfeld hat ein Arbeitszug aus Tw 904 (ex Großraum-Tw 304) samt Schienentransportwagen bis zum nächsten Einsatz eine Pause eingelegt.*

Düsseldorf · *Mal in Grün, mal in Orange präsentieren sich die Arbeitswagen in den Depots Erkrather Straße (rechts, 1984) und im Aufbauwerk Heerdt (unten, August 1964).*
Unter dem Dach der Rheinbahn konnte über Jahre hinweg an der Restaurierung des 1962 nach Aachen verkauften Meterspur-Triebwagen 107 gearbeitet werden. Zwischendurch musste der Wagen innerhalb der Hauptwerkstatt Erkrather Straße mehrfach umgesetzt werden, wozu er normalspurige Hilfsgestelle erhielt. Die Kriegsschäden an den aus dem Jahr 1893 stammenden Werkstattgebäuden waren auch nach Jahren nicht zu übersehen, die beengten Platzverhältnisse in Innenstadtlage führten letztlich zum Neubau der Hauptwerkstatt Lierenfeld.

Duisburg · *Mit Spezialfahrzeugen war der Fuhrpark der DVG reich gesegnet (Stand 1950: 31 Stück). Die Vielfalt würde ein eigenes Buch rechtfertigen, dabei waren Kuriositäten wie die oben abgebildete „Gleiskarre“ 766, Baujahr 1932, oder der meterspurige Vierachs-„Abschleppunterflurwagen“ 765, Baujahr 1948, nur „die Spitze des Eisbergs“. Man kann sich heute kaum vorstellen, warum in Duisburg und Umgebung der Einsatz von zwei- und vierachsigen Sprengwagen vonnöten war. Längst nicht alle Straßen waren seinerzeit asphaltiert, außerdem wurde vorbeugend die Staubentwicklung reduziert. Nebenbei bemerkt: die beiden Sprengwagen stammen aus den Jahren 1918 und 1922. Auch für den Ex-Hamborner Triebwagen 421 fand sich ein sinnvoller Einsatz: als Schleppfahrzeug für Gleisloren (1961).*

Hagen · *Kabelfernsehen war noch in weiter Ferne, wie die Antennen auf dem Wohngebäude rechts zeigen. Die rot-weißen Streifen an Arbeitsfahrzeugen waren aber bereits sehr weit verbreitet …*
Eine Drehung des Fotografenstandorts um 180 Grad offenbart, dass Hinterhöfe offenbar überall gleich trist sind. Trotzdem waren die Werkswohnungen gegenüber dem Depot Wehringhauser Straße und wie hier an der Wagenhalle Minervastraße in der Nachkriegszeit sehr begehrt.

Hamm (Westf.) · *Kein Aprilscherz: Die auf Ostern 1961 (2. April) abgestimmte Werbung hat sich mit der Stilllegung der Straßenbahn einige Tage später überlebt. Im Vergleich mit den heutigen werbebeklebten Fahrzeugen lässt den eigens für diesen Zweck eingesetzten Aufbau-Triebwagen als die für den Fahrgast sinnvollere Lösung erscheinen. Das Schild „Reklamewagen" in der Zielanzeige scheint angesichts der beabsichtigt auffälligen Gesamterscheinung des Fahrzeugs ein bisschen „zuviel des Guten".*

Krefeld · *Anlässlich eines Tages der offenen Tür nahmen die Kinder die ausgestellten Arbeitsfahrzeuge – Spreng-, Fahrschul- und Schleifwagen – vorübergend in Beschlag. Ob das Einfluss auf die spätere Berufswahl hatte, ist nicht überliefert.*

Monheim · *Für den Bahnunterhalt wurde ein Ex-Mettmanner Triebwagen bei der „Kleinbahn der Rheingemeinden“ als Tw 21 in Bereitschaft gehalten (1962). Rein äußerlich ist ihm sein Einsatzzweck kaum anzusehen.*

W
Schienenschleifwagen
Schienenschleifwagen
Max.Geschwindig.25km/h
Vorsicht beim Überholen
408

***Mülheim (R)** · Technik und Natur im Einklang. Wie aus einem Werbeprospekt wirkt diese Aufnahme des Schleifwagens 408, die an einem leicht verregneten Tag im Jahr 1969 entstand.*

***Paderborn** · Die kleine Lok 102 hat für einige Stunden im Betriebshof Tegelweg eine Arbeitspause, während der Anhänger offenbar händisch beladen wird (Mitte der 1950er Jahre).*

Wie ein „U-Boot auf Schienen“ wirkt dieses Unikum ohne Stromabnehmer, mit dessen Hilfe die PESAG ihre Gleise schliff. An technischen Details sind nur der Wassertank, eine Handbremse und der Schleifklotz in Fahrgestellmitte auszumachen. Über die genaue Funktionsweise fehlen leider sachdienliche Informationen.

ARBEITSWAGEN

Recklinghausen/Vestische Straßenbahn Neben dem Schienenschleifen zählte auch das Schneeräumen zu den Aufgaben des Schörling-Schleifwagens der „Vestischen". Ursprünglich tat das Fahrzeug in Solingen seinen Dienst und fand – optisch in den Solinger Originalzustand zurückversetzt – 2009 im Straßenbahnmuseum Wuppertal-Kohlfurth eine neue, letzte Heimat.

Osnabrück · Den zum ARBEITSWAGEN degradierten Triebwagen 8 hat der Fotograf Erwin Rock im Rahmen einer „Vor-Tagung" perfekt mit seiner Mittelformat-Kamera im Betriebshof Lotter Straße auf Zelluloid gebannt (Juli 1957). Unter den Teilnehmern dieser „Tagung" der Verkehrsfreunde befanden sich auch Personen, die „durch unnötigen Lärm, ununterbrochenes Klingeln, Betätigen der Sandstreueinrichtung" beinahe für einen Eklat gesorgt hätten. Selbst nach 50 Jahren ist der hierzu angelegte Aktenvermerk im Archiv des Organisators vorhanden.

Remscheid · Scheinbar „über den Dingen" an exponierter Stelle mit weitem Blick ins Bergische Land, aber dennoch in der hintersten Ecke, ist der ATw 135 auf dem Betriebshof Neuenkamer Straße abgestellt.

Wuppertal · *Etwas versteckt an einer schlecht einsehbaren Stelle sind die beiden Arbeits-Tw im Depot Cronenberg (1966) abgestellt. Um am Pförtner vorbeizukommen, benötigte man als Fotograf (mit oder ohne Anmeldung) schon einiges an Glück, zu viel Neugierde war nicht unbedingt erwünscht.*

Nicht viel besser war die Situation für Fotografen im Betriebshof Heckinghausen. Bis zu diesem Fotostandort musste man sich am Pförtner vorbei regelrecht durchkämpfen.
Für die Stadtwerke war es vermutlich ein gutes Geschäft, den zum Aufnahmezeitpunkt 1952 bereits 55 Jahre alten Wagen zusätzlich für den Reklameeinsatz nutzen zu können. 1954 wurde das Fahrzeug ausgemustert.

Ein Jahr nach Kriegsende entstand 1946 diese Aufnahme vom Tw 644, Baujahr 1899, im Depot Schwarzbach in Oberbarmen, das im hinteren Bereich wegen beengter Platzverhältnisse über eine urige Schiebebühne verfügte.
Erst 1948 wurde aus der Wuppertaler Bahnen AG die Wuppertaler Stadtwerke AG.

*Ob Erwin Rocks Gattin ihn je aufgefordert hat, sie in eines seiner Bahn-Motive zu integrieren, ist nicht überliefert. Vermutlich wird dieses anlässlich eines Besuchs der **Ennepetaler Straßenbahn** 1955 entstandene Foto aber seinen Platz im Familien-Fotoalbum gefunden haben.*

Straßenbahn-Typen
und andere Zeitgenossen

Anders als „technische“ Fotos waren private Schnappschüsse aus dem Straßenbahnbetrieb bzw. Aufnahmen, in denen der Mensch eine Hauptrolle spielt, in früheren Zeiten eher die Ausnahme. So entstanden solche Fotos meist nur zu besonderen Anlässen, wie z.B. Eröffnungen oder Jubiläen. Alles andere sind meist eher zufällig oder nur nebenbei entstandene Amateuraufnahmen vom Personal selbst oder engagierten Enthusiasten. Ab und an gab es aber auch unter den Mitarbeitern „Fans“, z.B. Schaffner, Fahrer oder Techniker, die mehr oder weniger heimlich ihren Arbeitsplatz oder ihre Arbeitsgeräte ablichteten. Zugänglich sind uns diese Aufnahmen heute erst, weil diese Bilder z.B. bis zur Pensionierung in Alben zu Hause konserviert waren.

Stellvertretend für die vielen tausend Mitarbeiter in den unterschiedlichen Berufsfeldern bei den Straßenbahnbetrieben würdigen wir hier Vertreterinnen und Vertreter aus ***Duisburg*** *(oben, ca. 1935),* ***Siegburg*** *(unten links, 1963),* ***Essen*** *(unten Mitte, ca. 1942) und* ***Hagen*** *(1960).*

Im Jahr 1910 muss diese Aufnahme im Depot ***Barmen-Heckinghausen*** *entstanden sein. In diesem Jahr wurden nämlich der erste Bauabschnitt der neuen Wagenhalle sowie die links im Bild erkennbare Fahrzeugserie in Betrieb genommen. Aus diesem Anlass haben sich die Straßenbahner zum Erinnerungsfoto aufgestellt. Ein Vergleich mit der Aufnahme auf Seite 71 unten zeigt die Fassade nach dem Wiederaufbau.*

Zum Maifeiertag ist 1935 ein großer Teil der Belegschaft des Betriebshofs ***Wuppertal-Cronenberg*** *angetreten. Wer sich den politischen Gegebenheiten nicht anpasste, hatte allerdings kaum mehr Chancen, in öffentlichen Betrieben beschäftigt zu werden – Straßenbahnbetriebe wie die Barmer Bergbahn AG gehörten auch dazu. Viele Betriebe schmückten sich damals damit, besonders „linientreu" zu sein.*

Buchstäblich weit aus dem Fenster lehnen sich zwei Mitarbeiter der Werkstatt Letmathe der Westfälischen Kleinbahn ***(später Iserlohner Kreisbahn).*** *Der genaue Anlass für die Aufnahme, die um 1900 entstanden sein muss, ist nicht bekannt.*

Noch eine reine Männerdomäne – das leitende Personal für den ***Betriebsteil Benrath*** *der Rheinischen Bahngesellschaft Düsseldorf hat sich 1935 auf dem Vorfeld zum Gruppenbild eingefunden. Der Anlass ist leider nicht bekannt.*

Ein Besuch bei den Kollegen im ***Essener Depot Alfredusbad*** *(Bredeney) im Jahr 1928 war für das Elberfelder Personal der Bergischen Kleinbahnen die Gelegenheit, um einmal auf einem anderen Terrain unterwegs zu sein. Die Anreise war grundsätzlich kein Problem, da die Netze gleistechnisch in Essen-Steele Kontakt hatten. Damals konnte niemand ahnen, dass 57 Jahre später ein Fahrzeug dieses Typs aus dem Straßenbahnmuseum Wuppertal nach Essen zurückkehren würde, um dort aufgearbeitet und einige Jahre für Sonderfahrten eingesetzt zu werden.*

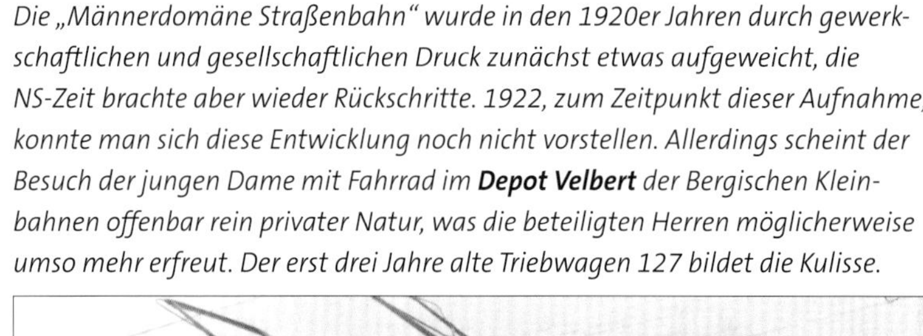

Die „Männerdomäne Straßenbahn" wurde in den 1920er Jahren durch gewerkschaftlichen und gesellschaftlichen Druck zunächst etwas aufgeweicht, die NS-Zeit brachte aber wieder Rückschritte. 1922, zum Zeitpunkt dieser Aufnahme, konnte man sich diese Entwicklung noch nicht vorstellen. Allerdings scheint der Besuch der jungen Dame mit Fahrrad im ***Depot Velbert*** *der Bergischen Kleinbahnen offenbar rein privater Natur, was die beteiligten Herren möglicherweise umso mehr erfreut. Der erst drei Jahre alte Triebwagen 127 bildet die Kulisse.*

Straßenbahn und Weltgeschichte liegen manchmal eng beieinander. Zum einen freuen sich amerikanische Soldaten über das vom Kriegsberichterstatter ermöglichte Foto (und vermutlich über das nahende Kriegsende) im ***Neuwieder Straßenbahnwagen*** *nahe des Depots Engerser Landstraße, eher bedrückt wirken zum anderen die wachhabenden Soldaten im* ***Betriebshof Bottrop*** *der Vestischen Straßenbahnen. Noch recht gut scheint die Stimmung unter den in die Kaserne Wahn einmarschierenden Wehrmachtssoldaten zu sein – der Tw 3 der* ***Wahner Straßenbahn*** *(2,56 km Streckenlänge, eröffnet 7. Mai 1917) im Hintergrund ist hier zufälligerweise mit aufs Bild geraten. Er befindet sich in Höhe der Betriebshof-Einfahrt.*
Ganz anders kommt dagegen der wie ein Oberaufseher marschierende ***Duisburger Straßenbahner*** *daher. Dieser „Zufallstreffer“ entstand, als sich Wolfgang R. Reimann verbotenerweise in die Wartungsgrube begab, um aus einer ungewöhnlichen Perspektive den Beiwagen der Duisburger Linie D zu fotografieren.*

„Stolz wie Oskar" dürfte der noch junge Straßenbahnfan gewesen sein, als er von seinem Vater auf der hinteren Plattform in Stellung gebracht wurde. Eine Rangierpause im **Betriebshof Düsseldorf-Benrath** *passte auch gut zu den Lichtverhältnissen für diese gelungene Aufnahme.*

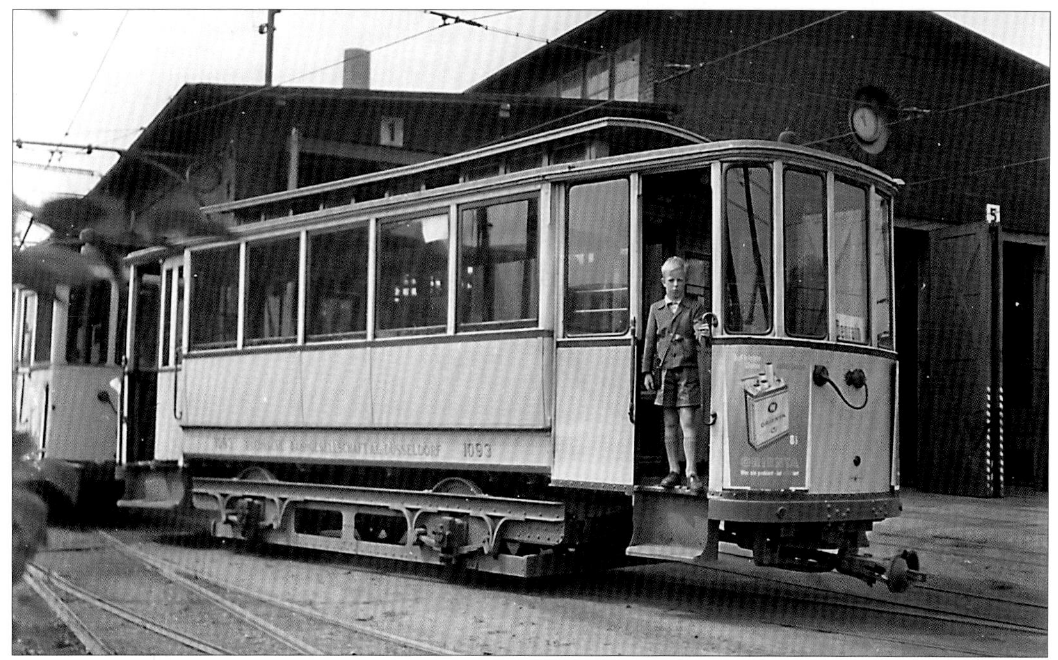

Der unter Straßenbahnenthusiasten sehr bekannte Erwin Rock ließ es sich nicht nehmen, seinen geliebten Hund mit auf Reisen zu den verschiedensten Nahverkehrsbetrieben zu nehmen. Diese Aufnahme im **Essener Depot Schweriner Straße** *war vermutlich auch dem Straßenbahnwagen, dem so genannten „Doppelten Lottchen", gewidmet. Von alledem scheint der begleitende Hund nichts mitbekommen zu haben und macht brav „Männchen".*

Die kleine Schar der Freunde der Straßenbahn jagte mit ihren Kameras den vielfältigen Typen regelrecht nach, galt es doch, noch fehlende Informationen und sogar Existenzen von bisher nicht bekannten Fahrzeugen zu erforschen. Auf diesem Bild anlässlich einer Sonderfahrt am 21. Mai 1955 auf der **Straßenbahn Opladen-Ohligs** *(Stilllegung am 11. Juli 1955) nahm man sich an der* **Endstation in Lützenkirchen** *einmal die Zeit für ein bis heute bemerkenswertes und zwangloses Fotodokument. Zu sehen sind einige Pioniere der Straßenbahnfotografie: Mit der Baskenmütze: Peter Böhm, Chef der Verkehrsfreunde Düsseldorf, daneben Klaus-Bernd Lange, dahinter Claus von den Driesch, in der Bildmitte das Ehepaar Scherer (Autor Chronik der Remscheider Straßenbahn, 1953, Born Verlag, Wuppertal), direkt vor dem Wagen Dieter Zeh, links daneben, mit dunklem Mantel, Joachim von Rohr.*

Eine der ersten von den Düsseldorfer Verkehrsfreunden organisierten Sonderfahrten im Ruhrgebiet führte am 23. März 1963 vom ***Duisburger Betriebshof Grunewald,*** *auf dem man sich gegen 14 Uhr traf, über Walsum nach Dinslaken (rote Linie). Auf der Rückfahrt von dort wechselte man in Obermarxloh auf einen meterspurigen Wagen, dessen Fahrt in Alsum endete (grüne Linie). Zurück ging es dann wieder mit dem damals nagelneuen Achtachser Nr. 19 (rote Linie). Im Betriebshof Grunewald einem Oberleitungsmasten die Funktion eines Prellbocks zuzuweisen, zeugte von einer beispiellosen Sparsamkeit; die Technische Aufsichtsbehörde schien das nicht zu stören.*

In Kriegs- und Notzeiten war die Vormachtstellung für männliche Mitarbeiter gebrochen. Der Beruf als Schaffnerin wurde Zug um Zug zu einer ständigen Einrichtung, die anfangs den gesellschaftlichen Respekt vermissen ließ. Lieder, wie etwa „liebe kleine Schaffnerin", wurden als Stimmungsmacher akzeptiert, aber deren Arbeit weniger erfeulich honoriert. Über ***Detmold, Kamen*** *und* ***Essen*** *führt uns ein Sprung zu den vielfältigsten Szenen, wie etwa links oben die Gruppe von nur noch wenigen männlichen Mitarbeitern, die kleine „Mann-"schaft aus dem westfälischen Betrieb „UKW" (Unna – Kamen – Werne) und den Dienstbeginn auf dem Essener Betriebshof Grillostraße.*

*Szenen aus dem **Wuppertaler Bahn-Alltag.** Zum Abschied vom **Betriebshof Cronenberg** haben sich 1970 die Mitarbeiter mit ihrem Vorgesetzten Busse für ein Foto versammelt. Beim Foto eines im **Betriebshof Neviges** nach Hattingen ausfahrenden Zuges kam 1952 ein Triebwagen zum Einsatz, der noch nicht einmal auf beiden Seiten die Liniennummernangabe besaß. Auch bei anderen Fahrzeugen waren derartige „Sparmaßnahmen" anzutreffen. Der Winter hat das Bergische Land fest im Griff. Ob er ohne Störungen sein Ziel in rund 16 Kilometern erreicht hat, bleibt nachträglich zu hoffen.*

*Auf der **Verkehrsausstellung 1951 in Elberfeld** bat man den Fotografen um einen Schnappschuss. Der Mitarbeiter ist abgestellt, um dem Publikum einen Blick in das Innere der Schwebebahntechnik zu geben. Selbst die Anzeige der Zug-Nummer durch ein so genanntes „Broseband" war damals noch längst nicht selbstverständlich.*

Am Ende ...

Aachen · *Im Dezember 1972 entledigt sich die Aachener Straßenbahn ihrer Beiwagen auf damals nicht unübliche Art und Weise. Kontrolliert unkontrolliert werden die Fahrzeuge „abgefackelt". Umweltaspekte spielen dabei offenbar keine Rolle. Immerhin hat man durch die Anwesenheit der Feuerwehr für etwas Sicherheit gesorgt.*

Dortmund · *Mit der Stilllegung der Straßenbahn von Dortmund bis zur Zeche Ickern I/II im Jahr 1960 wurde auch der an der Bahnhofstraße gelegene Betriebshof entwidmet. Alsbald wurden überzählige Waggons dorthin verbracht und abgefackelt.*

Düren · *Angesichts des Platzmangels in den Werkstätten der Kreisbahn wurden 1963 die zur Verschrottung bestimmten Bahnen mit Baujahr 1908 außerhalb des Bw Distelrath abgestellt. Den restlichen Verkehr nach Nörvenich hatten die in eigener Werkstatt aufgearbeiteten Wagen 8 und 9 übernommen.*

Essen · *Als buchstäblich „umwerfend" kann man den Umgang der Betriebe mit ihren Altfahrzeugen bezeichnen. Der Schrotthändler wusste die (Schräg-)Lage für seine Arbeit zu nutzen – Leitern oder Arbeitsbühnen waren so nicht erforderlich (Juni 1963).*

***Hagen* · „Am Ende“ sind diese Fahrzeuge hier nur bedingt. Im 1972 aufgelassenen Depot in der Minervastraße wurden nach Einstellung des Betriebes insgesamt 20 Fahrzeuge eingelagert. Während bereits im August 1976 acht Gelenkwagen nach Innsbruck verkauft werden konnten, mussten die Großraumwagen im Vordergrund bis zum Herbst 1977 warten, ehe sie bei der GSP in Belgrad eine neue Heimat fanden (Aufnahme vom 13. Juni 1976).*

Ganz anders als das Schicksal der Vier- und Sechsachser war das der Hagener Zweiachser. Diese ab 1954 gelieferten Verbandstyp-II-Fahrzeuge waren damals u.a. mit ihren elektrischen Falttüren die modernsten Zweiachser ihrer Zeit. Anderen Betrieben wurden sie trotz Bedarf erst gar nicht angeboten; allerdings blieben einige Exemplare als teils fahrfähige Museumsstücke erhalten.

Köln *· Im Außenbereich der Zentralwerkstatt Weidenpesch sind zahlreiche durch neue Großraumwagen ersetzte KSW- und Altbau-Beiwagen zum Abwracken bereitgestellt. Die dort angewendete, weniger brutale Methode der Beseitigung älterer Waggons zog sich über einen längeren Zeitraum hin (1962).*

Köln-Siegburg-Zündorf · *Oftmals nutzte man für Verschrottungsaktionen Gleise außerhalb der Betriebshofanlagen, meist abseits von Wohngebieten. Der Schrotthändler hat sein Handwerkszeug für die Zerlegung zweier Beiwagen im Oktober 1963 „mitten auf dem Acker" in der Ausweiche Eschmar aufgebaut. Der tatsächliche Grund der Anwesenheit eines noch intakten Straßenbahn-Triebwagens war nicht mehr zu ermitteln, er diente vermutlich aber als „Personal-Taxi".*

Mülheim (Ruhr) · *„Am Ende“ ist die Straßenbahn in Mülheim wohl hoffentlich noch lange nicht, auch wenn ihre weitere Zukunft im Jahr 2020 teilweise ungewiss ist. Gewiss ist allerdings längst das Ende der Ära der Stadtbahntriebwagen Typ „M“. In Mülheim wurde 2018 der letzte Wagen dieses Typs in den Ruhestand geschickt (Aufnahme aus dem Jahr 2006).*

Mönchengladbach/Rheydt
Nach Demontage eines Teils der Rheydter Straßenbahn überführte man drei Wagen nach außerhalb zu einem Sondergleis, wo schließlich der Schrotthändler zuschlug (1959).

Oberhausen · *Die Oberhausener Westwaggon-Gelenkwagen wurden nach der Stillsetzung 1968 beim Nachbarn, den Verkehrsbetrieben der Stadt Mülheim a.d. Ruhr, vorübergehend geparkt, bevor sie nach Aachen abtransportiert wurden, um dort noch bis 1974 ihren Dienst zu tun. Dieses Ausziehgleis war auch für Fahrzeuge anderer Betriebe der zwischenzeitliche Abstellort, z.B. für Wagen der Sylter Inselbahn auf ihrem Weg in die museale Zukunft.*

Im Winter 1969/70 ist die Landschaft um den Betriebshof an der Essener Straße regelrecht eingeschneit, das Heizkraftwerk im Hintergrund arbeitet unter Volllast. Die zuletzt für den Gütertransport eingesetzte Lokomotive hat sich zu den anderen nicht mehr benötigten Triebwagen gesellt und wartet auf ihr weiteres Schicksal. Aus eigener Kraft werden sich die Fahrzeuge mangels Fahrleitung nicht mehr bewegen können.

Opladen/Ohligs · *„Am Ende" ist im Jahr 1955 nur die Straßenbahn Opladen-Ohligs. Die noch recht „frischen" fünf Dreiachs-Triebwagen aus dem Hause Westwaggon haben in ihrer neuen Heimat Bremerhaven noch lange Jahre im Einsatz vor sich. Zuvor wurden sie u.a. einer gründlichen Fahrgestell-Revision unterzogen.*

Paderborn · *Nicht gerade zimperlich gehen die beiden Arbeiter beim Abwracken der alten Beiwagen vor. Obwohl in einem abgelegenen Bereich durchgeführt, konnte der Fotograf diese Arbeiten dokumentieren. In eigener Werkstatt gebaut und von der eigenen Mannschaft verschrottet wird auch der Mitteleinstiegs-Beiwagen 99 (1959).*

Remscheid · *Als wolle man die ausgeschlachteten ex-Bielefelder Busse vor den Blicken neugieriger Besucher verstecken, rangierte man sie in die äußersten Ecken des Betriebshofes Neuenkamper Straße (Bild oben, 1969).*

Dagegen lenkte der an der B 51 bei Wermelskirchen-Tente auf privatem Terrian aufgestellte Triebwagen 129 noch einige Jahrzehnte die Blicke der Autofahrer auf sich (unten, 1971).

Nur vom Fotografen durch Zufall entdeckt, waren auf einem ansonsten verborgenen Gleis drei Triebwagen von allgemeinen Verschrottungsaktionen bislang verschont geblieben. Letztlich konnte ein musealer Erhalt dieser Wagen nicht verwirklicht werden. Dennoch blieben insgesamt drei Remscheider Straßenbahntriebwagen für die Nachwelt bis heute erhalten.

Wuppertal · *Schon fast prophetisch wirkt die Aufschrift auf der Tafel im Bild rechts, die den „Untergang der Straßenbahn" bereits 1953 als beschlossen betrachtet. Fahrzeuge, die nach Stilllegung des Wuppertaler Niederbergnetzes 1953 überflüssig waren, wurden im Betriebshof Neviges sogleich verschrottet. 34 Jahre später, 1987, sollte sich die Prophezeihung mit der Stilllegung der letzten Wuppertaler Straßenbahnlinien bewahrheiten.*
Im Betriebshof Toelleturm fallen 1959 nicht nur Straßenbahnwagen, sondern auch die nicht mehr benötigten Güterlokomotiven dem Schneidbrenner zum Opfer. Weder von diesen Fahrzeugen noch von der in der Nachbarhalle untergebrachten Zahnradbahn blieb ein Exemplar erhalten.

919

Wuppertal · *Das Aus für die Wuppertaler Meterspur war 1966 schon absehbar. Gleichwohl wurden im Cronenberger Depot weiter große Hauptuntersuchungen durchgeführt. So kam es zu einer Begegnung zwischen schon im Schrott gelandeten und noch im Liniendienst aktiven Wagen (Bild aus Juli 1967).*

Nach Aufgabe der Verbindung nach Solingen mutierte das Ausweich- und Gütergleis für einige Wochen zum Freiluft-Depot für ausgemusterte KSW-Anhänger (April 1970). Wolfgang R. Reimann hat die zur Kohlfurther Brücke überführten und wie zu einem Knäuel platzierten Waggons in einer Skizze festgehalten, die den heutigen Standort der Wagenhalle der Bergischen Museumsbahnen noch nicht erahnen lässt.

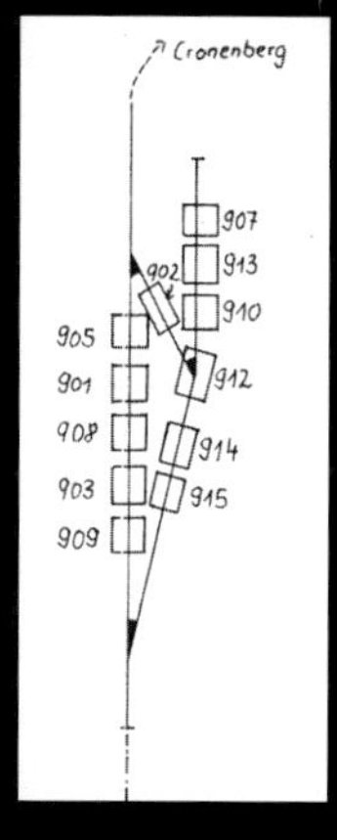

Im »Zuhause« der Straßenbahn

Wie ist ein Straßenbahn-Betriebshof strukturiert? Welche Ausstattung ist erforderlich? Wie sind die regulären technischen Abläufe? Am Beispiel der Straßenbahn Köln gewinnen wir mit dem nachfolgenden Text einen recht detaillierten Einblick in die Funktionsweise eines Straßenbahnbetriebshofs, wenn auch ohne die einsatzplanerischen Aspekte. Dieser hier in Auszügen wiedergegebene Bericht findet sich in der „Festschrift zur XIV. Hauptversammlung des Vereins Deutscher Straßenbahn- und Kleinbahnverwaltungen im Jahre 1913 zu Cöln".

Die Einrichtung der Revisionswerkstätten der Straßenbahnhöfe ist im allgemeinen durchweg dieselbe. Sie besteht aus einer Grubenanlage und einer ausreichenden Anzahl von Werkbänken mit Schraubstöcken in der Halle, aus einem kleinen Werkstattraum mit einer stationären Handbohrmaschine, einem Schmiedefeuer, Schleifstein und Werkbänken, sowie einem Lagerraume zur Aufbewahrung von Materialien für die Unterhaltung der Wagen. Das Lager enthält nur die für 14 Tage nötigen Materialien und Bedarfsartikel. Die Vorarbeiter, die Schlosser und Gehilfen, sowie die Wagenputzer haben außerdem getrennte Aufenthaltsräume.

Zur Revisionswerkstätte gehört ferner ein Sandtrockenraum mit Trockenofen und ein Vorratsraum für getrockneten und gesiebten Sand für die Sandstreuer der Wagen.

Bei der Kleinbahn Siegburg-Zündorf, wie auch bei allen anderen Straßenbahnbetrieben war und ist das „Benutzen und Betreten des Betriebshof" Unbefugten untersagt (1962).

Die Revisionswerkstätten der Vorortbahnhöfe sind zudem noch mit Motorenbetrieb sowie Materialien, Werkzeugen und Hilfsgeräten für die Vornahme größerer Reparaturen an Wagen ausgerüstet, um möglichst den weiten Transport der Vorortbahnwagen zur Hauptwerkstätte zu vermeiden.

Zwecks Prüfung von elektrischen Leitungen an Wagen auf Kurzschluß und Isolation ist jede Revisionswerkstätte im Besitze eines Induktors mit Klingel, eines Lampenwiderstandes zum Anschluß an die Oberleitung und eines Isolationsmessers. Zum Anheben von Wagen dienen besonders hierfür geeignete Zahnstangenwinden mit Kurbelantrieb und Selbstsperrung. Im Bestande jedes Bahnhofes befindet sich auch ein Gerätewagen zur Hilfeleistung auf der Strecke, der bei Alarm sofort von dem Revisionspersonal bemannt wird. In dem Gerätewagen sind alle erforderlichen Werkzeuge und Hilfsgeräte sowie Beleuchtungsapparat und Krankenbahre vorhanden.

In der Nacht während der Betriebsruhe werden auf den Bahnhöfen diejenigen Wagen, die am andern Tage zur Ausfahrt vorgesehen sind, zunächst von den Wagenputzern

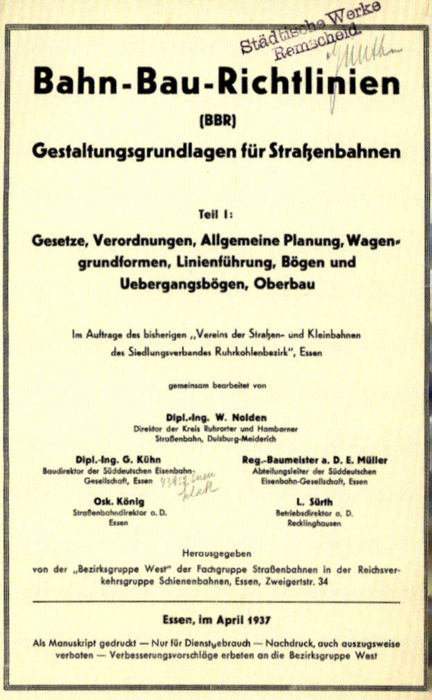

Städtische Werke Remscheid.

Bahn-Bau-Richtlinien

(BBR)

Gestaltungsgrundlagen für Straßenbahnen

Teil I:

Gesetze, Verordnungen, Allgemeine Planung, Wagengrundformen, Linienführung, Bögen und Uebergangsbögen, Oberbau

Im Auftrage des bisherigen „Vereins der Straßen- und Kleinbahnen des Siedlungsverbandes Ruhrkohlenbezirk", Essen

gemeinsam bearbeitet von

Dipl.-Ing. W. Nolden
Direktor der Kreis Ruhrorter und Hamborner Straßenbahn, Duisburg-Meiderich

Dipl.-Ing. G. Kühn
Baudirektor der Süddeutschen Eisenbahn-Gesellschaft, Essen

Reg.-Baumeister a. D. E. Müller
Abteilungsleiter der Süddeutschen Eisenbahn-Gesellschaft, Essen

Osk. König
Straßenbahndirektor a. D. Essen

L. Sürth
Betriebsdirektor a. D. Recklinghausen

Herausgegeben
von der „Bezirksgruppe West" der Fachgruppe Straßenbahnen in der Reichsverkehrsgruppe Schienenbahnen, Essen, Zweigertstr. 34

Essen, im April 1937

Als Manuskript gedruckt — Nur für Dienstgebrauch — Nachdruck, auch auszugsweise verboten — Verbesserungsvorschläge erbeten an die Bezirksgruppe West

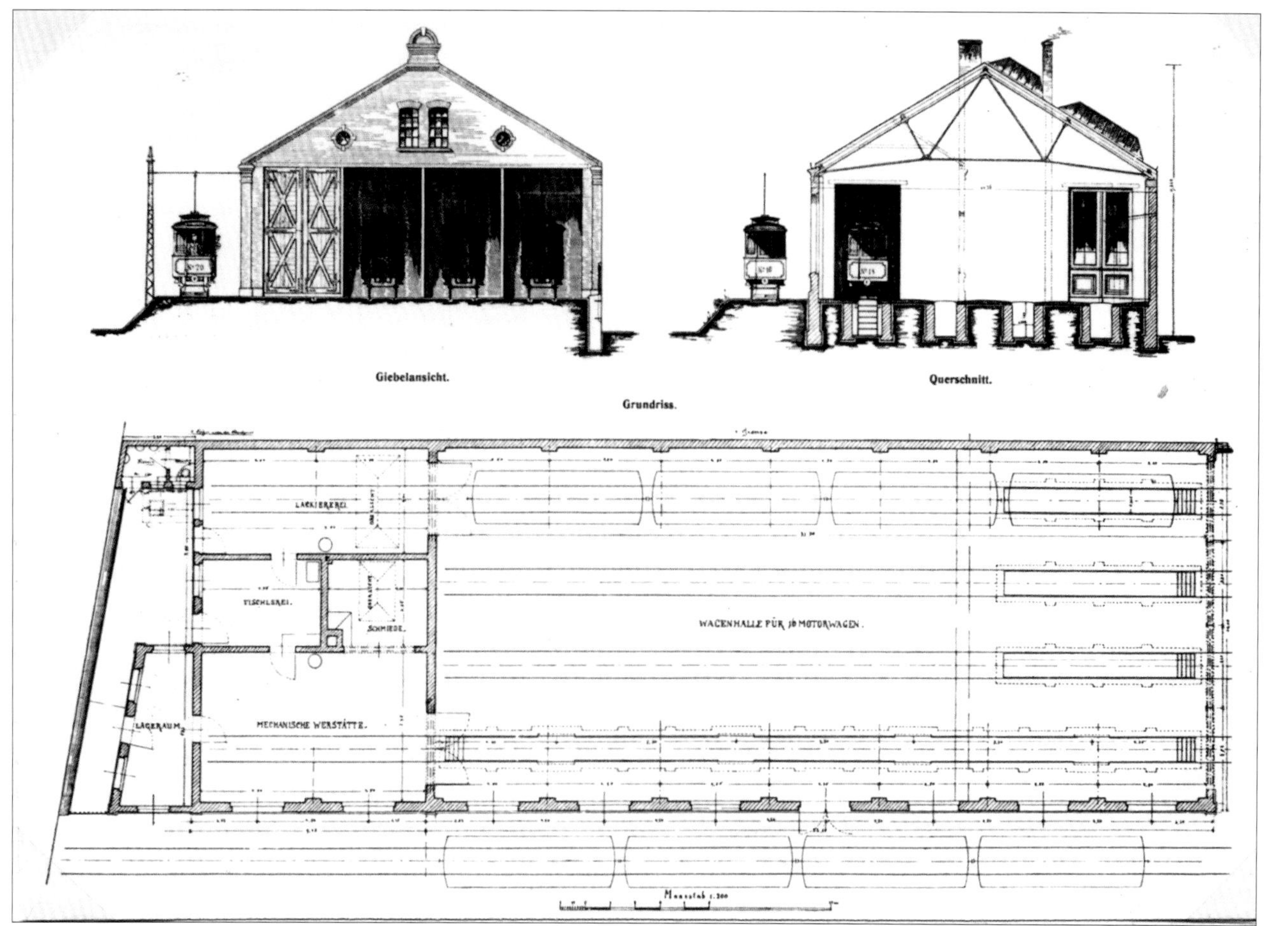

Die klassische Gliederung eines Depots mit unterschiedlichen Werkstattbereichen zeigt diese Zeichnung des Depots in Hamm (Westf.) aus dem Jahr 1898.

gereinigt. Die Reinigung erstreckt sich auf das Ausfegen des Wagenfußbodens, Putzen der Wagenscheiben und der hauptsächlichen Messingteile, Abwaschen der äußeren Lackteile des Wagenkastens, sowie der Längsträger des Untergestelles. Vor der Ausfahrt wird der Wagen im Innern ausgestaubt. Eine größere Reinigung jedes Wagens wird alle 14 Tage, gelegentlich der größeren Revision, am Tage vorgenommen. Der ganze Wagen wird alsdann außen mit Wasser abgewaschen, der Fußboden aufgenommen, sämtliche Messingteile des Wagens gründlich gereinigt und geputzt. Außerdem wird alle Jahre einmal an jedem Wagen eine Abwaschung des ganzen Wagens innen und außen mit Wasser und Seife vorgenommen. Die Reinigung der zwischen den Längsträgern des Untergestelles befindlichen Teile von angehäuftem Schmutz und Öl wird von den Hilfsarbeitern alle 14 Tage gelegentlich der Revision des Untergestelles ausgeführt.

Alle Straßenbahnwagen, die am Tage in Betrieb gewesen sind, werden nachts bei der Einfahrt in den Bahnhof von einem Revisionsschlosser übernommen, dem der Fahrer einen von ihm ausgefüllten Übernahmenachweis übergibt, worin Mängel, die sich während der Fahrt an dem Wagen gezeigt haben, eingetragen sind. Sofern der Wagen am folgenden Tage wieder in Betrieb gehen soll, wird er sofort auf eine Revisionsgrube gefahren und die Revision vorgenommen. Da die Zeit hierzu verhältnismäßig kurz bemessen ist, so kann sich die Revision nur auf die allgemeine Betriebsfähigkeit des Wa-

Offener Blick in die Freiluft-Aufstellanlage des Depots in Krefeld an der Wiedstraße, 1967.

gens erstrecken. Auf alle Fälle müssen die Handbremse neu eingestellt und geschmiert, die Kontaktstellen des Fahrschalters nachgesehen und eingefettet, das Aluminiumschleifstück des Stromabnehmers geglättet, die Alarm- und Signalglocken geprüft, die Sandstreukästen mit neuem, trockenem Sande gefüllt und die Lager geschmiert werden.

Eine eingehendere Revision des Wagens soll alle 14 Tage spätestens erfolgen, zu welchem Zwecke der Wagen einen Tag außer Betrieb gesetzt wird. Hierbei werden Untergestell, Wagenkasten, sowie die Einrichtung einer Revision unterzogen. Alle lösbaren und dem Verschleiß unterworfenen Teile werden untersucht, nötigenfalls befestigt und erneuert, die Kontaktstellen der elektrischen Apparate werden in Stand gesetzt, gereinigt und neu eingefettet, die Anschlüsse geprüft. An den Motoren werden die Kollektoren, Kohlenhalter und Kohlen einer Revision unterzogen und gereinigt.

Zu Anfang eines jeden Monates muß eine Messung des Luftraumes zwischen Anker und Polschuh vorgenommen werden, die sich hierbei ergebenden Abstände werden in eine Liste eingetragen und zur Kontrolle dem Betriebsingenieur vorgelegt. Die Revisionswerkstätten haben ferner halbjährlich eine Isolationsmessung der elektrischen Einrichtung der Wagen gemäß den Bestimmungen der Bau- und Betriebsvorschriften vorzunehmen, worüber ein Untersuchungsbericht geführt wird.

Zur Übersicht über die in den Revisionswerkstätten vorgenommenen Arbeiten und zur nachträglichen Feststellung von Bediensteten, die Arbeiten an den Wagen vorgenommen haben, führt der Vorarbeiter jeder Revisionswerkstätte einen Ta-

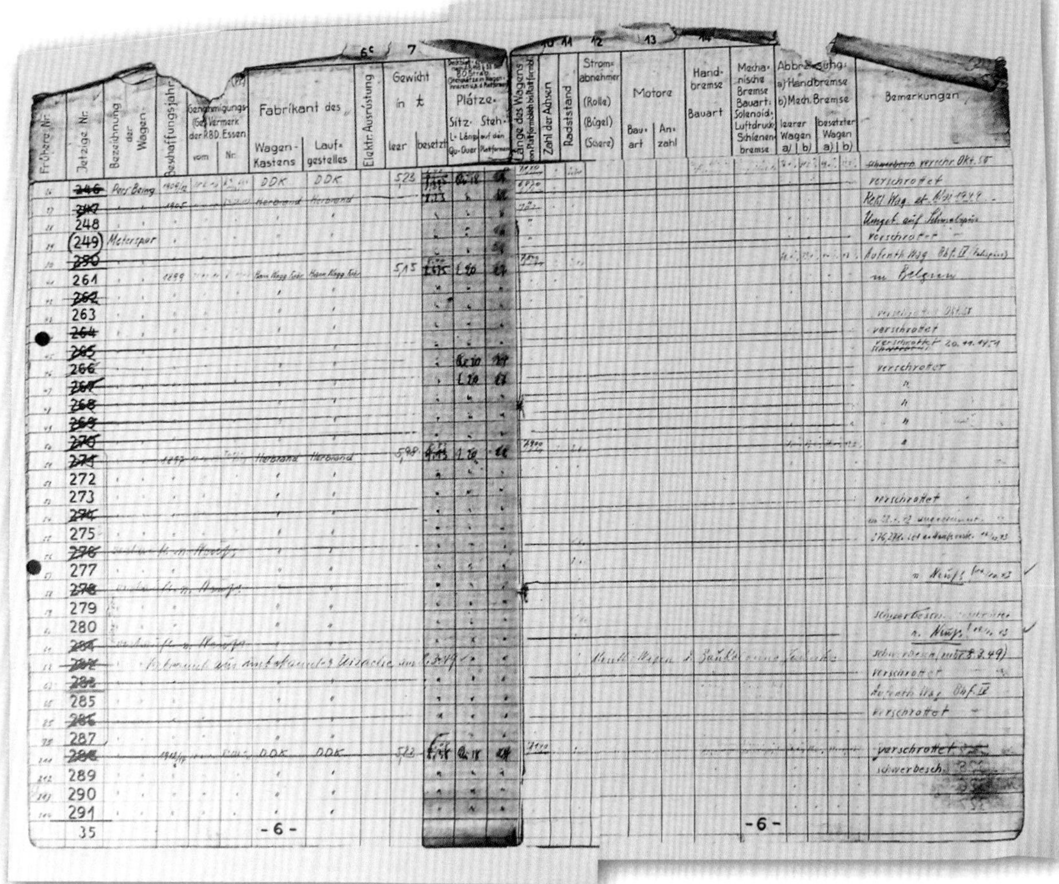

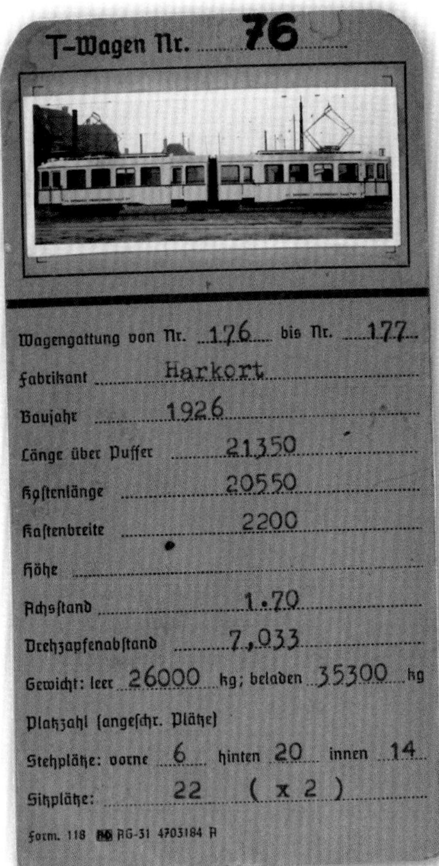

T-Wagen Nr. 76

Wagengattung von Nr. 176 bis Nr. 177

Fabrikant Harkort

Baujahr 1926

Länge über Puffer 21350

Kastenlänge 20550

Kastenbreite 2200

Höhe

Achsstand 1.70

Drehzapfenabstand 7,033

Gewicht: leer 26000 kg; beladen 35300 kg

Platzzahl (angeschr. Plätze)

Stehplätze: vorne 6 hinten 20 innen 14

Sitzplätze: 22 (x 2)

Form. 118 RG-31 4703184 A

Duisburg · *Die Buchführung über den umfangreichen Wagenpark wurde in gebundenen Listen fortlaufend aktualisiert. Neben den üblichen Angaben, wie Hersteller, Baujahr usw. interessieren sich Verkehrsamateure besonders für die nachträglichen Anmerkungen, wie z.B. „Umgeb. auf Schmalspur, Verkauf nach Belgien" usw. Dagegen ist die Wagen-Karteikarte grafisch recht anspruchsvoll gestaltet, beinhaltet aber nur die Basisdaten samt Foto.*

gesbericht, worin auch die zur Reparatur oder Auswechselung aus dem Lager entnommenen Teile enthalten sind.

Werden bei der Revision an einem Wagen Mängel gefunden, die sich durch einfache Hilfsmittel und durch Auswechselung nicht beheben lassen, oder sind größere Beschädigungen im Betriebe vorgekommen, so wird der Wagen der Hauptwerkstätte zur Reparatur überwiesen.

Diese Überweisung geschieht durch den Bahnhofsvorsteher, der auch der Vorgesetzte der Revisionswerkstätte des Bahnhofes ist und zwar mittels eines Überweisungsscheines, auf dem der Defekt, soweit derselbe auf dem Bahnhof festgestellt werden konnte, vermerkt ist. Nach Übergabe des Wagens an die Hauptwerkstätte wird die Ursache des Defektes durch Prüfung sofort festgestellt und der Plan des Reparaturganges aufgestellt. Es besteht hinsichtlich der Vornahme der Reparaturen in der Hauptwerkstätte der Grundsatz, daß, sobald ein Wagen wegen eines Defektes längere Zeit in der Hauptwerkstätte verbleiben muß, an dem Wagen gleichzeitig auch eine Untersuchung sämtlicher mechanischen und elektrischen Teile vorzunehmen ist. Ergeben sich hierbei Mängel,

Bochum · *Für manche Arbeiten wurde nicht extra die Hauptwerkstatt aufgesucht. In den 1930er Jahren sind die Mitarbeiter der Schreinerei damit beschäftigt, in der Wagenhalle Bochum vermutlich zur Ausbesserung eines Karosserieschadens passende Ersatzteile zurechtzusägen.*

Einerseits aufbauen, andererseits zerstören – so breit ist das Spektrum der Tätigkeiten de Werkstattpersonals. 1969 ist man in **Wuppertal** *damit beschäftigt, den Vierachs-Tw 15 abzufackeln und die Reste zu verschrotten. Ironie der Geschichte: An dieser Stelle ste heute der baugleiche Tw 159 als Museumsstück bei den Bergischen Museumsbahnen.*

„Tiefer Einblick" in die Abstellhalle des Betriebshofs **Bochum** *um 1930, wo der Mitarbeiter offenbar viel Kraft für das Schieben seiner spurgeführten Karre aufbringen muss.*

auch wenn sie nicht im Überweisungsschein vermerkt sind, so werden sie behoben.

Es soll hierdurch erreicht werden, daß der betriebsfähige Zustand des Wagens, sobald er aus der Werkstätte kommt, für lange Zeit wieder gesichert ist; auch wird die Lebensdauer der Wagen und ihrer Einrichtung hierdurch bedeutend erhöht. Gemäß den Bestimmungen der Bau- und Betriebsvorschriften nimmt die Hauptwerkstätte auch die Hauptuntersuchung der Wagen innerhalb der festgesetzten Zeit – für Triebwagen alle 2 Jahre und für Beiwagen alle 3 Jahre – vor. Hierbei wird der Wagenkasten vom Untergestell abgehoben und sämtliche auswechselbaren Teile abmontiert und einer eingehenden Revision unterzogen.

Um ein gutes und schnelles Zusammenarbeiten der einzelnen Abteilungen der Hauptwerkstätte zu erreichen, findet wöchentlich eine Besprechung sämtlicher Meister der Hauptwerkstätte unter Vorsitz des Betriebsingenieurs statt, wobei die einzelnen am Wagen vorzunehmenden Arbeiten durchgesprochen und die Fertigstellungstermine derselben festgelegt

An dieser Stelle schließen wir in diesem Buch bildlich das Tor zum Depot Lotter Straße in Osnabrück (1958).

werden. Über die Vornahme einer Reparatur, Untersuchung oder Hauptuntersuchung eines jeden Wagens, der der Werkstätte überwiesen worden ist, wird eingehend Protokoll geführt, das in Akten nach Wagennummern geordnet aufbewahrt wird. In diesem Protokoll werden die vorgefundenen Mängel der einzelnen elektrischen Ausrüstungsteile sowie die hieran vorgenommenen Reparaturen, Änderungen oder Auswechselungen sowie die Höhe des nach Fertigstellung der Arbeiten gemessenen Isolierwiderstandes vermerkt. Jeder Wagen, der die Hauptwerkstätte verlassen soll, wird auf einer ca. 8 km langen Gleisstrecke längs des Rheinufers Probe gefahren. Dem Wagenführer wird bei der Rücküberweisung des Wagens sein Begleitschein beigegeben, worauf die Ursache des behobenen Defektes sowie etwaige vorgenommene Änderungen und Neuerungen vermerkt sind, so daß der Bahnhofsvorsteher und die Revisionswerkstätte des Bahnhofs hiervon Kenntnis erhalten. ■

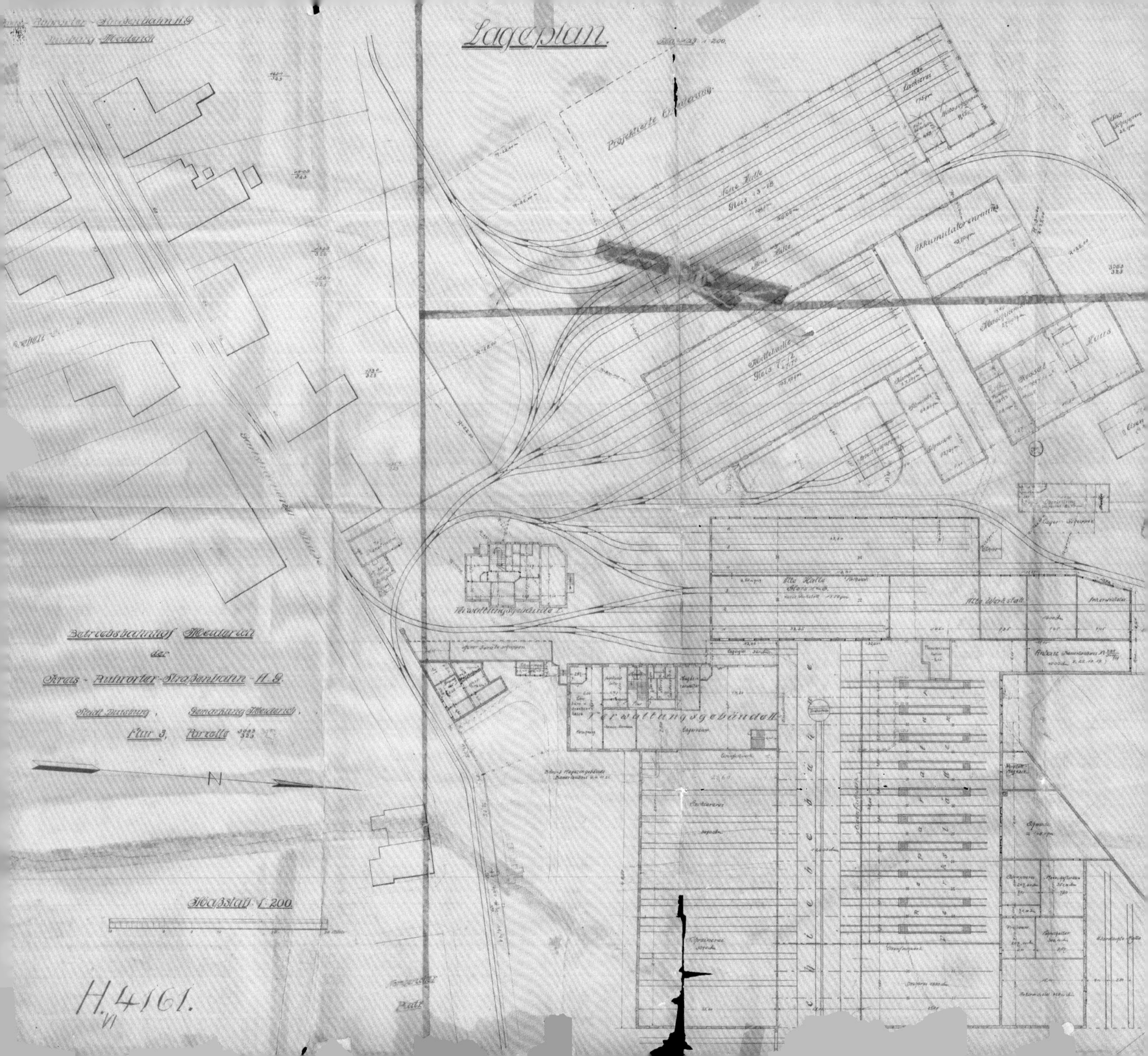

Lageplan.
Betriebsbahnhof Meiderich
der
Kreis-Ruhrorter-Straßenbahn-A.G.
Stadt Duisburg, Gemarkung Meiderich,
Flur 3, Parzelle
Neue Halle
Akkumulatorenraum
Alte Halle
Alte Werkstatt
Verwaltungsgebäude
Maßstab 1:200
N
H.4161.

Skizzen, Pläne und »Geschichten«

Zum Abschluss unserer fotografischen Rundreise haben wir auf den folgenden Seiten noch einige Gleispläne zusammengestellt, die die Bildmotive aus diesen Depots besser nachvollziehbar machen.
Ferner gibt es auch noch die ein oder andere „Geschichte", die erzählt werden will.
Wie beispielsweise die der Bauzeichnung links. Dieses Unikat konnte buchstäblich in letzter Minute von geschichtsbewussten Straßenbahnern aus dem Mülleimer gerettet werden. Dargestellt ist die Hauptwerkstatt der Kreis Ruhrorter Straßenbahn an der Gartsträucher Straße in Meiderich von 1921 (s. auch S. 78). Detailgenau hat der Zeichner auch die alte Halle mit den Gleisen 1 bis 6 ausgewiesen.

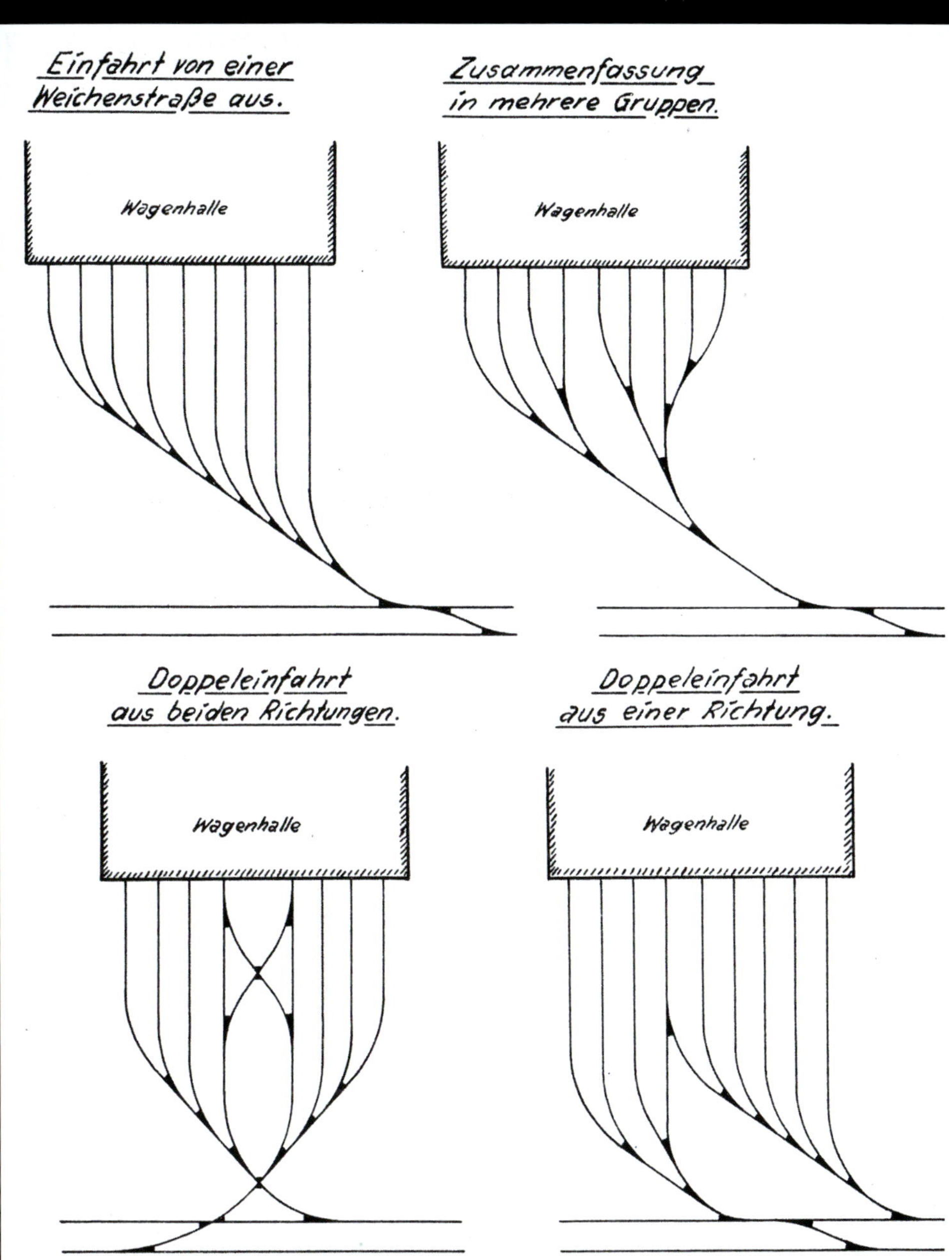

„Gestaltungsvorschläge" für Zufahrtsgleise entsprechend den Bahnbaurichtlinien von 1937: Die tatsächlichen Ausführungen wichen aufgrund der örtlichen Gegebenheiten oft von den typisierten Vorschlägen ab.

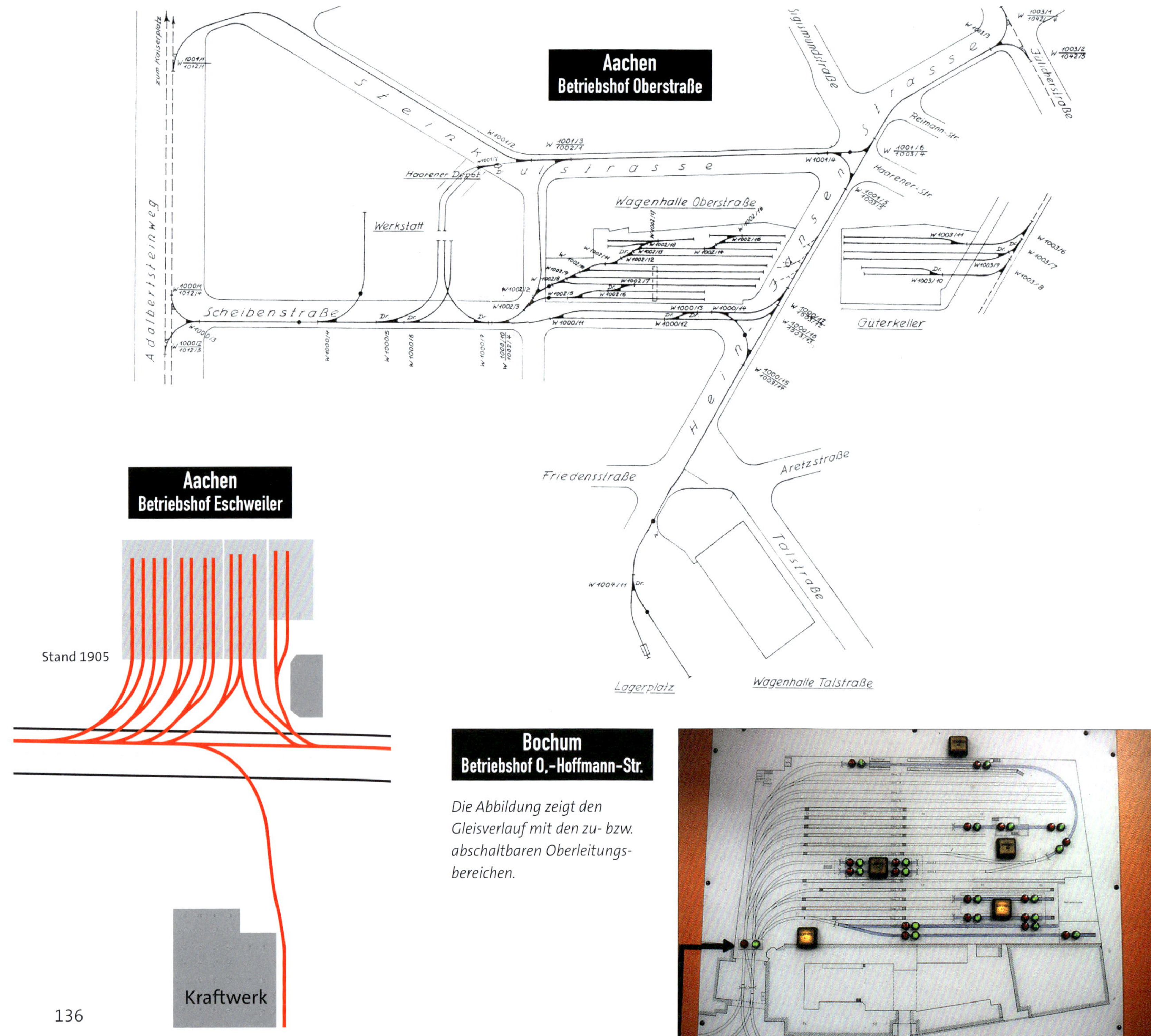

Die Abbildung zeigt den Gleisverlauf mit den zu- bzw. abschaltbaren Oberleitungsbereichen.

Spurwechsel ...

***Duisburg-Hamborn** · Normalerweise verfügt ein Straßenbahnbetrieb über eine durchgehende einheitliche Spurweite. Dies war auch bei der Kreis Ruhrorter und Hamborner Straßenbahn der Fall. Dagegen hatte die normalspurige DVG in der Tradition des Vorgängerbetriebes Normalspur. Für die Zufahrtsstrecke über die Schlachthofstraße, die 1952 am Depot vorbei im Anschluss in Normalspur bis Obermarxloh verkehrte, hatte man sogar in einigen Hallen eine dritte Schiene verlegt. Durch die Totalstilllegung der Meterspur erreichte man zwar vorübergehend eine nennenswerte Rationalisierung, doch dem Verkauf des Areals folgte alsbald der Abriss des einst bedeutenden Betriebshofes.*

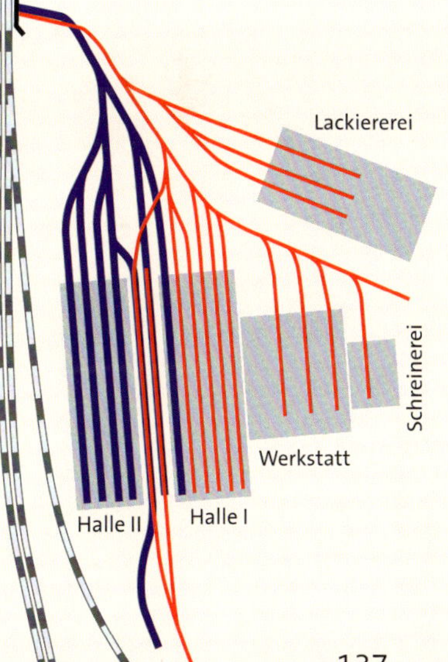

Etwas lieblos wirkt die im Zuge der Umspurung neu gepflasterte Gleiszone, was allerdings die dort zwischen Normal- und Meterspur umsteigenden Fahrgäste kaum interessiert haben dürfte. Der Bereich Norbertuskirche wurde im Vergleich zu anderen Ecken gleich mehrfach fotografiert (o.l.). Tw 441, Baujahr 1950, wurde bereits zwei Jahre später für den Einsatz im Regelspurnetz umgebaut.

Eine Etappe der Umspurung nach Dinslaken ist im Mai 1958 erst wenige Tage abgeschlossen. Die normalspurigen Züge konnten fortan in das nahegelegene Depot Walsum einrücken.

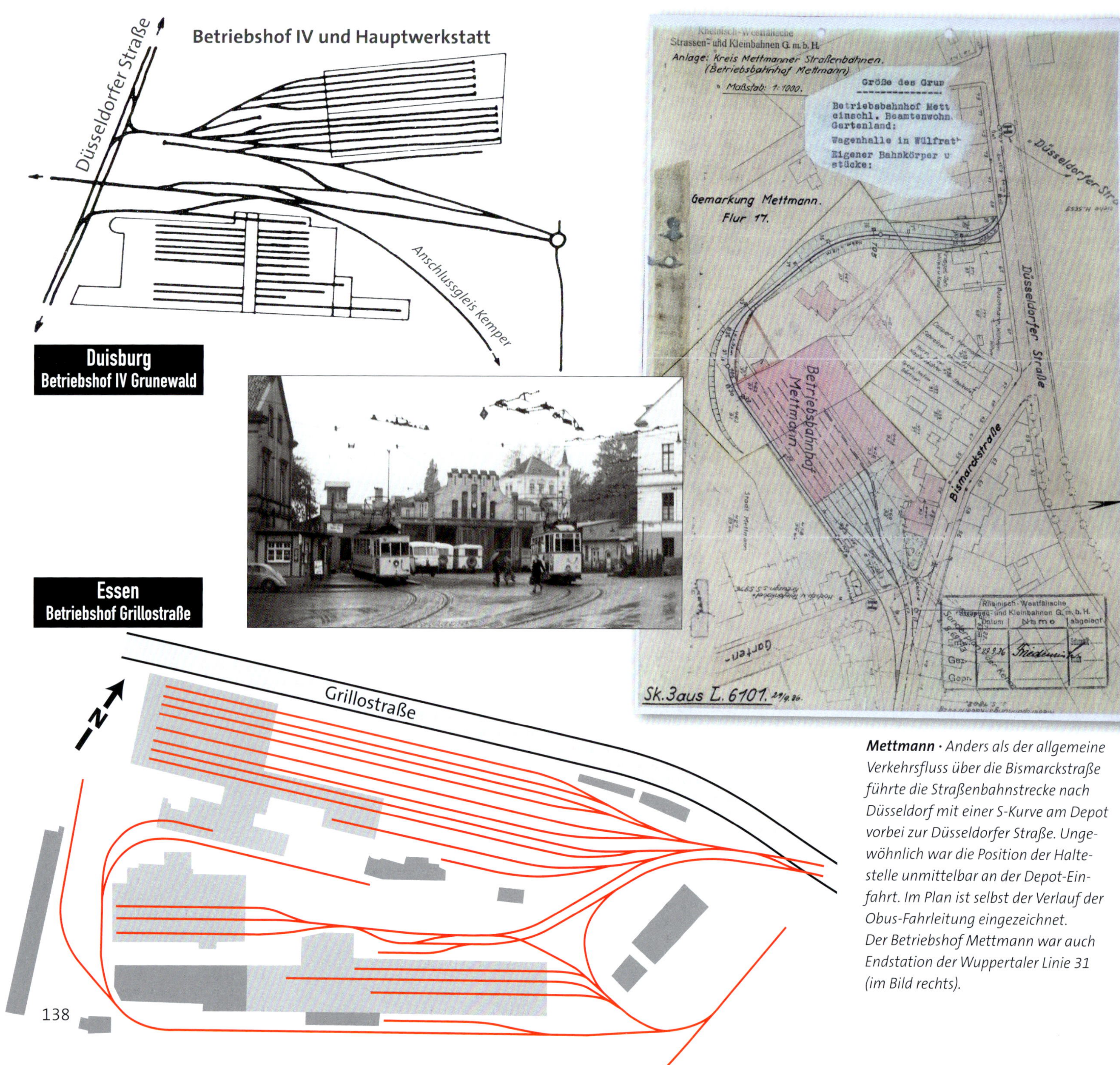

Mettmann · *Anders als der allgemeine Verkehrsfluss über die Bismarckstraße führte die Straßenbahnstrecke nach Düsseldorf mit einer S-Kurve am Depot vorbei zur Düsseldorfer Straße. Ungewöhnlich war die Position der Haltestelle unmittelbar an der Depot-Einfahrt. Im Plan ist selbst der Verlauf der Obus-Fahrleitung eingezeichnet. Der Betriebshof Mettmann war auch Endstation der Wuppertaler Linie 31 (im Bild rechts).*

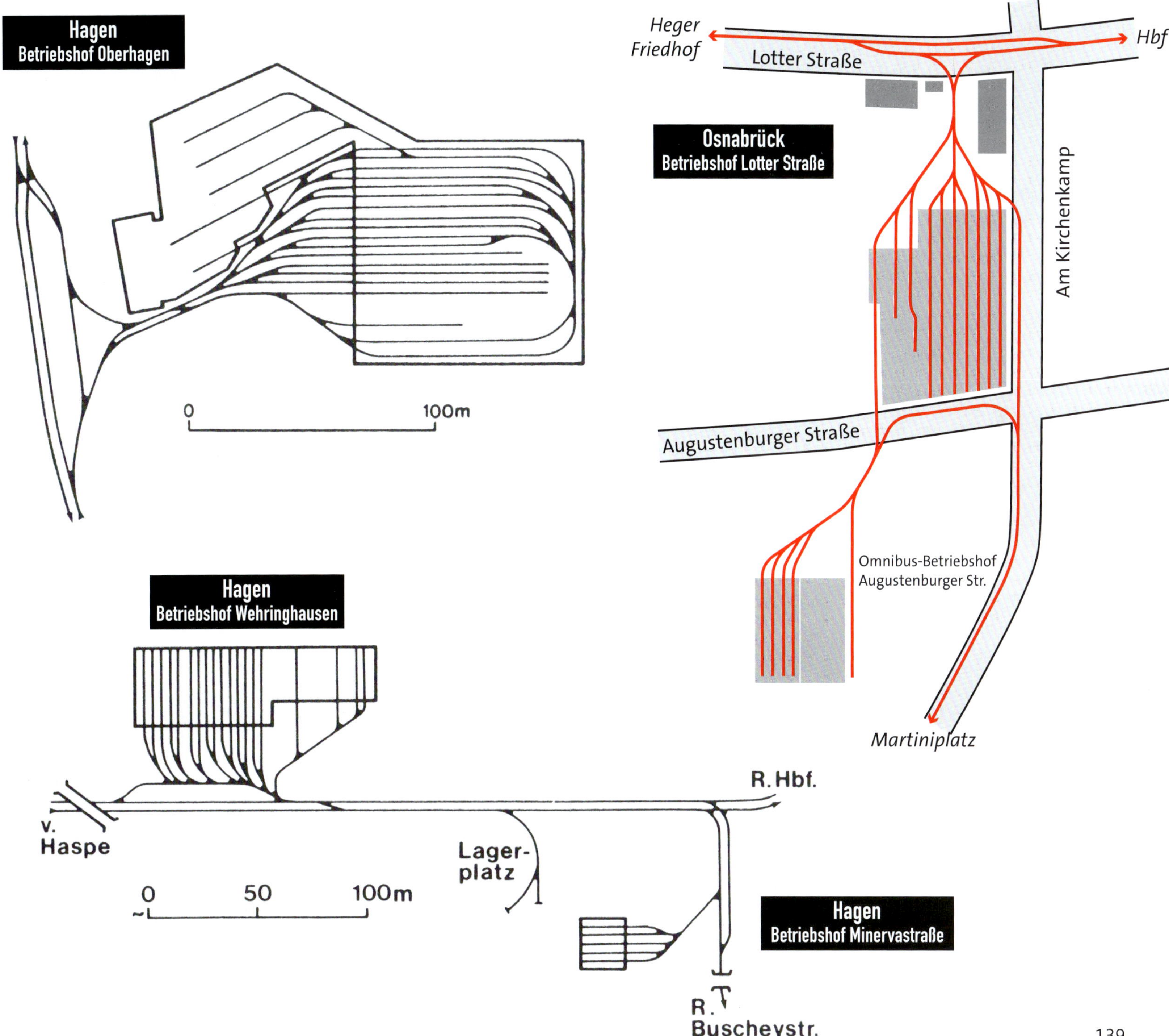
Hagen
Betriebshof Oberhagen
0
100m
Heger
Friedhof
Hbf
Lotter Straße
Osnabrück
Betriebshof Lotter Straße
Am Kirchenkamp
Augustenburger Straße
Omnibus-Betriebshof
Augustenburger Str.
Martiniplatz
Hagen
Betriebshof Wehringhausen
R. Hbf.
v.
Haspe
Lager-
platz
0
50
100m
Hagen
Betriebshof Minervastraße
R.
Buscheystr.

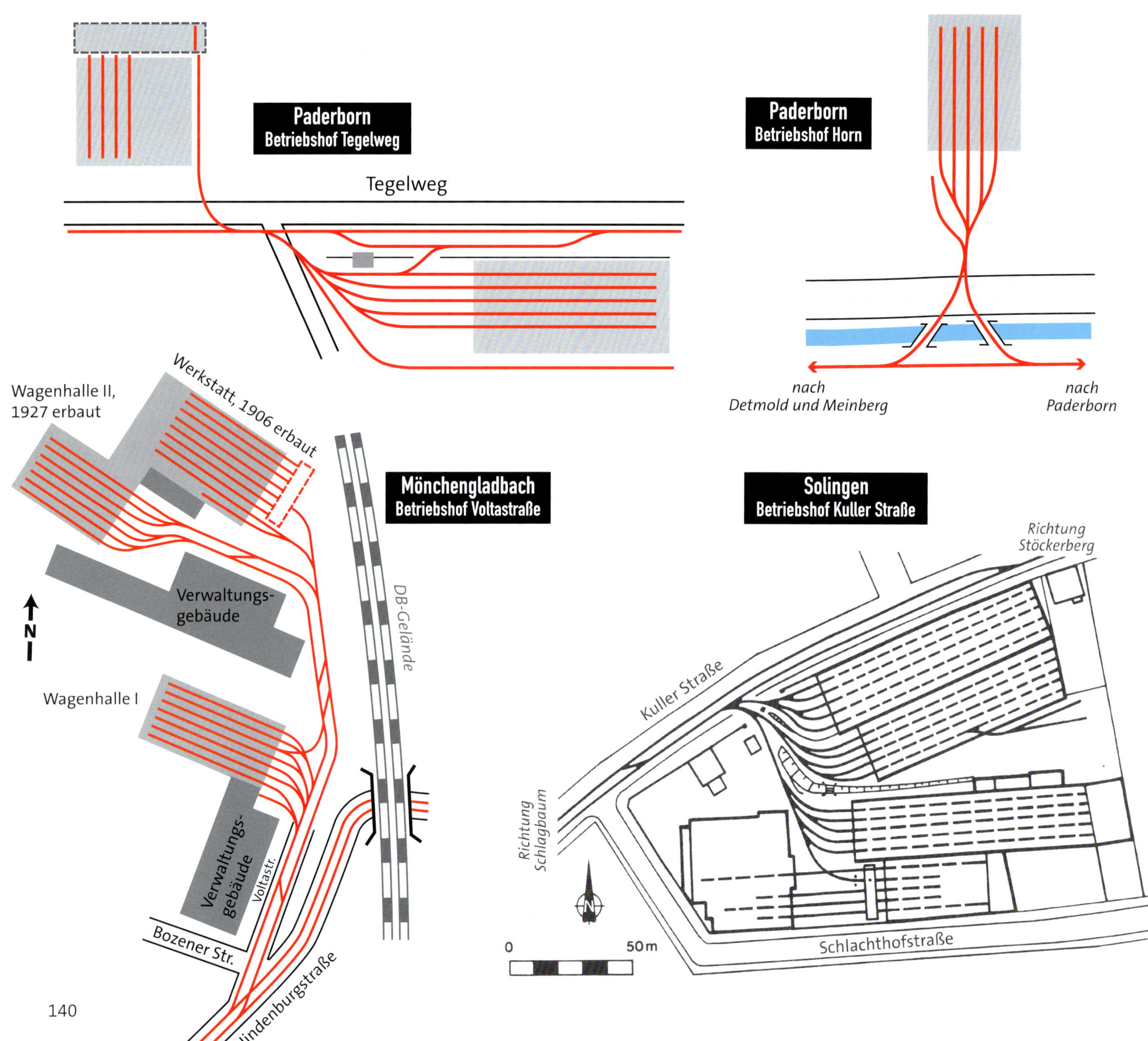
Paderborn
Betriebshof Tegelweg
Tegelweg
Paderborn
Betriebshof Horn
nach
Detmold und Meinberg
nach
Paderborn
Wagenhalle II,
1927 erbaut
Werkstatt, 1906 erbaut
Mönchengladbach
Betriebshof Voltastraße
DB-Gelände
Verwaltungs-
gebäude
N
Wagenhalle I
Verwaltungs-
gebäude
Voltastr.
Bozener Str.
Hindenburgstraße
Solingen
Betriebshof Kuller Straße
Richtung
Stöckerberg
Kuller Straße
Richtung
Schlagbaum
N
0
50 m
Schlachthofstraße

Fast vergessen ...

Das Depot der Hattinger Kreisbahn

Bochum/Hattingen · *Zu den unbekannten und unerforschten Straßenbahnen zählt neben der Westfälischen Straßenbahn die per Schiedsspruch 1932 aufgelöste Hattinger Kreisbahn. Grund waren die durch kommunale Neugliederung an die Stadt Bochum verlorenen Gebiete im neuen Ennepe-Ruhr-Kreis. Den Linienbetrieb übernahm ab 1. Oktober 1932 die Bochum-Gelsenkirchener Straßenbahnen AG. Das in der Hüttenstraße gelegene Depot war ab 15. September 1933 von den Bussen der Kraftwagengesellschaft Ruhr-Wupper in Beschlag genommen (Bild rechts). Die Frühausfahrten der Linie B nach Barmen bzw. Bochum (über Stiepel) erfolgten von dort aus. Etwa 1950 verließ die Ruhr-Wupper das alte Kreisbahn-Gelände, das in den Folgejahren mit Wohnhäusern überbaut wurde.*

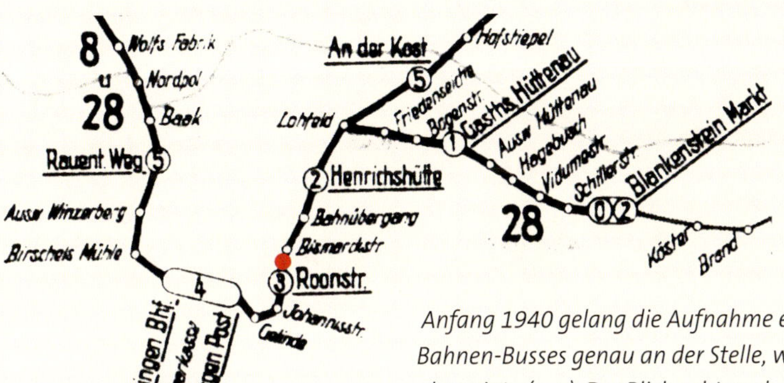

Anfang 1940 gelang die Aufnahme eines Wuppertaler Bahnen-Busses genau an der Stelle, wo das Betriebshofgleis abzweigte (u. r.). Der Blick geht nach Norden in Richtung Henrichshütte, die von der Straßenbahn nach Blankenstein angesteuert wurde. Dieses und einige andere Bilder der Bergischen Kleinbahnen AG fanden sich 2010 auf einem Flohmarkt in Mannheim. Der Fotograf könnte C. Pott gewesen sein. Auch nicht geklärt ist die Urheberschaft vom Foto unten: Es zeigt die Kreuzung Hegger Straße/Hüttenstraße/Blankensteiner Straße, nur wenige Meter vom einstigen Depot entfernt.

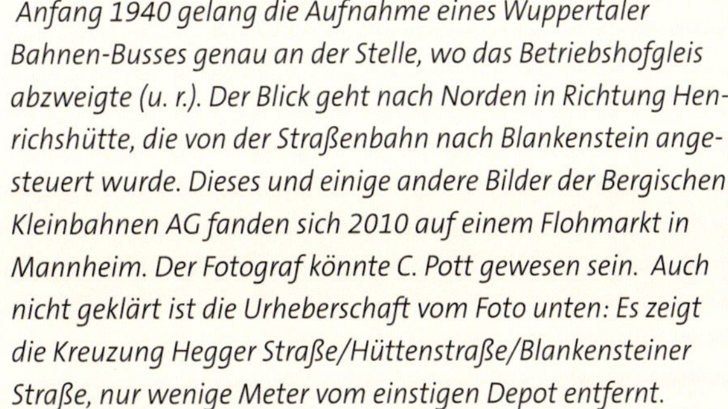

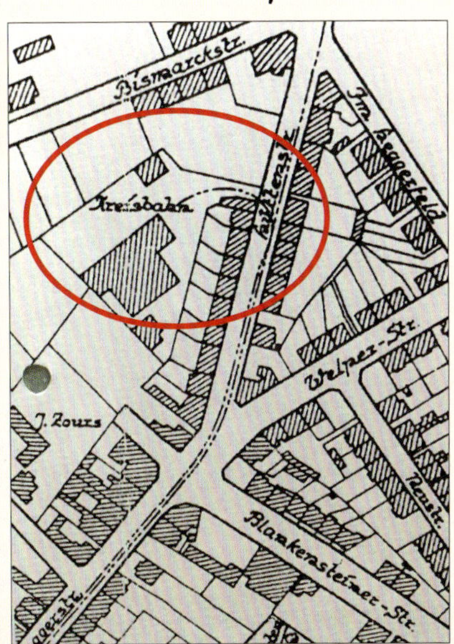

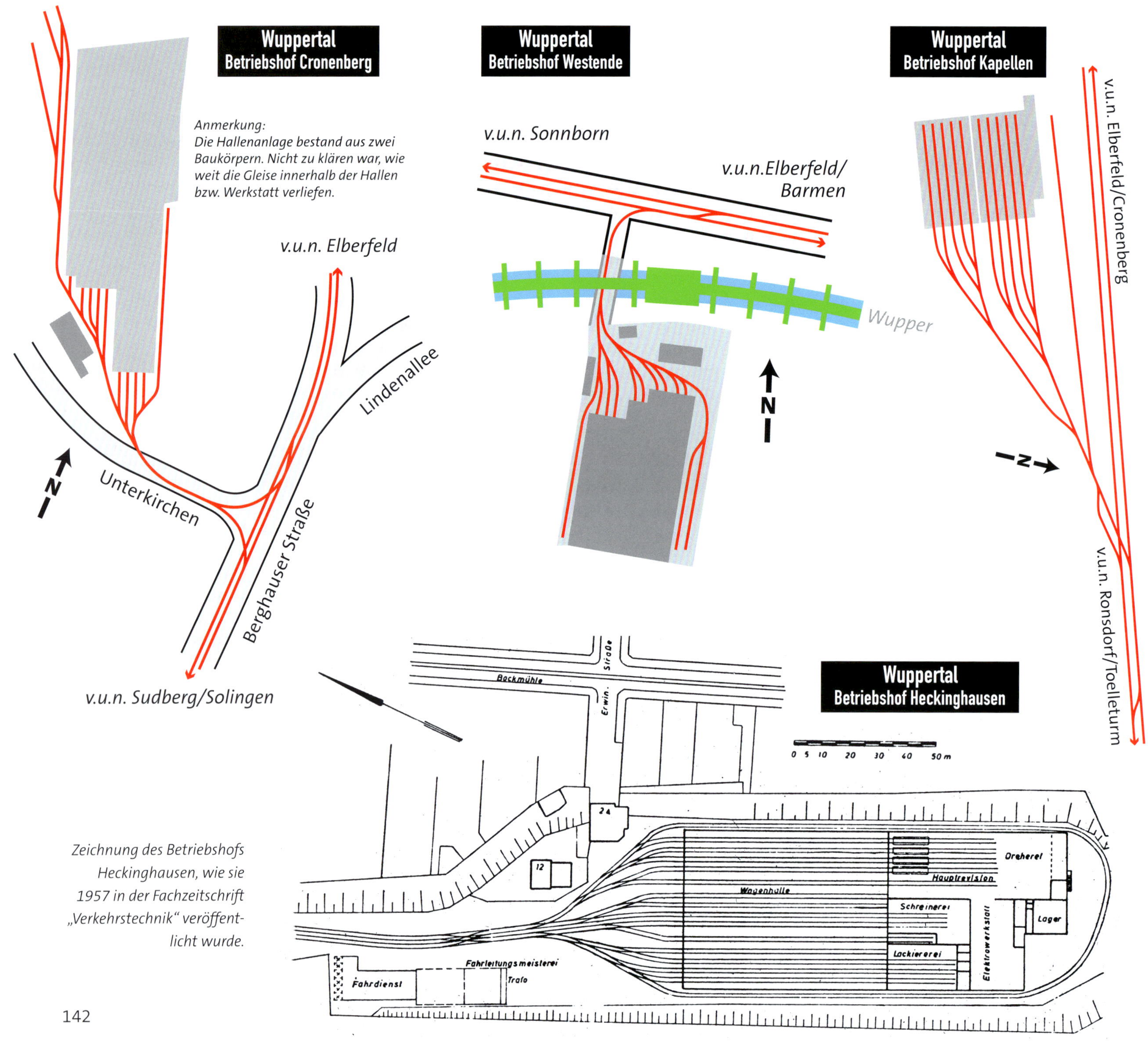

Zeichnung des Betriebshofs Heckinghausen, wie sie 1957 in der Fachzeitschrift „Verkehrstechnik" veröffentlicht wurde.

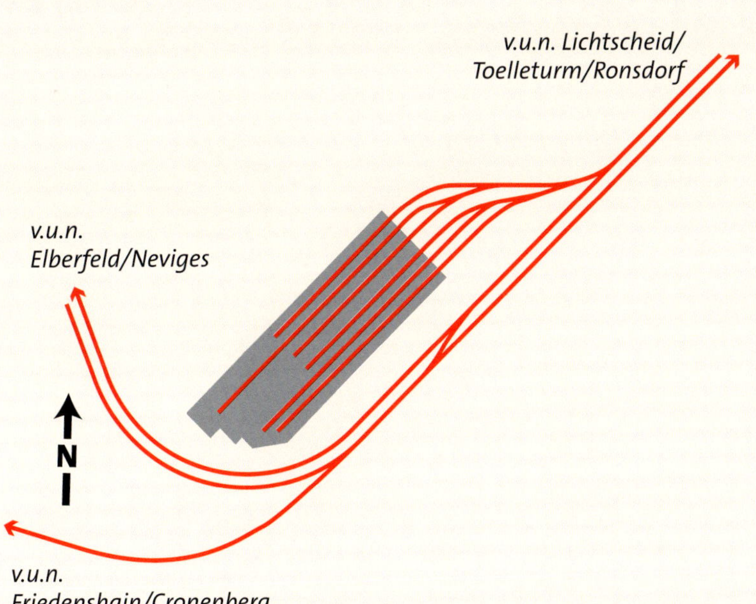

Reichlich Schnee sorgte dafür, dass das Personal mit dem „Schnee-Schippen" des Vorfeldes gut ausgelastet war. Für die Räumung der Strecken steht der mit einem Schneepflug versehene Arbeitswagen 634 bereit (1920er Jahre).

Vom Straßenbahndepot zur Reithalle

Die Wagenhalle „Freudenberg" entstand mit dem Bau der Straßenbahn von Elberfeld nach Ronsdorf. Bauherrin war ein Unternehmen der „Continentale Gesellschaft für electrische Unternehmungen", die Bergische Kleinbahnen AG. Geplant war 1901 nicht nur der Bau eines Wagenschuppens mit Lackiererei und Tischlerei sowie ein Ankerwickelraum. Für die Verwaltung war ein Extratrakt vorgesehen. Auf insgesamt sechs Gleisen hätte man bis zu 24 Wagen unterbringen können.

Fertiggestellt wurde aber nur die Ronsdorfer Verbindung, die am 26. August 1902 in Betrieb ging, das Depot war schon einige Wochen vorher abgenommen worden. Von Anfang an war die Strecke von der Haltestelle „Tunnel Nord" bis nach Lichtscheid zweigleisig, einschließlich des 258 m langen Tunnels, der in einem Bogen unmittelbar an die Wagenhalle grenzte.

Mit dem Bau der Verbindungsstrecke nach Friedenshain änderte sich an der Nutzung des Depots nicht viel, da die Barmer Bergbahn AG auf ihrer neuen Verbindung im Depot Kapellen untergebrachte Wagen einsetzte. Als infolge der Wirtschaftskrise die Anlage Gelpetal am 15. August 1932 an die Barmer „Bergische Terraingesellschaft mbH" überging, verabschiedeten sich die BKB und zogen bis spätestens August 1933 nach Kapellen um.

Die Erwerberin der Halle vermietete den Hallenkomplex als Lagerfläche. Das in einem separaten Vordergebäude befindliche Büro wurde ebenso weiter benutzt wie die Wohnung des Hallenwärters. Die schließlich 1943 fast komplett beschädigte Anlage wurde 1950 als Reithalle mit einer equitan nutzbaren Länge von 54 m wiederaufgebaut. Erneut bebaut wurden 1.080 m^2 des insgesamt 3.190 m^2 großen Grundstücks. Die Straßenbahnverbindung nach Lichtscheid wurde im Frühjahr 1963 gekappt. Bis heute ist der nach Kapellen führende Bahnkörper gut erhalten. Die ursprüngliche Nutzung der nun von Reitern genutzten Trasse dürfte den Reitern nicht bekannt sein, ebenso wie die Existenz des 1980 zugeschütteten Tunnels.